QVATRIESME PARTIE DES NOVVEAVX FOVRNEAVX PHILOSOPHIQVES.

DANS LAQVELLE SERA DESCRITE LA proprieté du quatriesme Fourneau, auec lequel on pourra esprouuer les mines, les mineraux, & les metaux, par vne façon de faire plus briefue & meilleure que celle qui a esté sceuë iusques à present : Pareillement aussi le moyen de pouuoir separer les metaux les vns des autres par la fusion ; & finalement comment on pourra faire beaucoup de choses industrieuses par la fonte.

Oeuure qui sera vtile & tres-agreable à lire à tous les Chymistes, aux Afineurs, & à tous ceuxqui trauaillent aux mines.

Par IEAN RODOLPHE GLAVBER.

A PARIS,
Chez THOMAS IOLLY, Libraire Iuré, ruë S. Iacques, au coin de la ruë de la Parcheminerie, aux Armes de Hollande.

M. DC. LIX.
Auec Priuilege du Roy.

QVATRIESME PARTIE DES FOVRNEAVX PHILOSOPHIQVES.

De la preparation & du bastiment du Fourneau.

ON peut bastir ce fourneau plus grand, ou plus petit, selon sa volonté ; & selon la quantité grande ou petite qu'on voudra fondre dedans pour parfaire le trauail qu'on voudra entreprendre. Si le fourneau a en dedans vn pied de diametre, on pourra mettre dedans vn creuset de quatre, cinq, ou six marcs ; que si on vouloit se seruir d'vn plus grand creuset, il faudroit aussi élargir le fourneau à proportion. Il faut bastir ce fourneau en forme carrée de terre & de briques qui soient permanentes au feu, il le faut éleuer de la hauteur d'vn pied ou de deux pieds, depuis la terre iusqu'à la grille, que la grille soit faite en telle sorte qu'on puisse la nettoyer, lors qu'il arriue que les creusets se renuersent, ou se fendent, & que la matiere meslée auec les charbons emplit la grille, ou bien il la faut faire semblable à celle dont i'ay donné la façon dans le premier Liure, à sçauoir de mettre premierement deux grosses barres de fer de trauers, qu'il faut bien emmurer dans le fourneau, que ces barres soient limées en creneaux, en sorte qu'on y puisse mettre six ou sept autres moindres barres, qui entrent dans les creneaux, & qu'on les puisse oster, en cas qu'elles fussent remplies de quelque matiere vitrifiée, ou autre chose de cette nature: Il faut faire la porte du cendrier de la hauteur & de la largeur d'vn empan, ou enuiron, il faut qu'il y ait vne porte de fer, ou de cuiure pour le fermer bien iuste, & l'ouurir quand on voudra: Et il faut faire vne autre ouuerture à costé du fourneau, iuste au dessous de la grille, de la mesme dimension, qui ait vne porte coulisse de fer ou de cuiure pour gouuerner le feu, & luy fournir l'air necessaire. Il faut en suite faire la porte du foyer au dessus de la grille, qui seruira à mettre le charbon & les creusets, & à les retirer: il faut que cette porte soit proportionnée à la grandeur du fourneau & des creusets: comme si le fourneau a vn pied de diametre, il faut que la porte du foyer ait demy pied de large, & pres d'vn pied de haut, afin de pouuoir mettre plus

aisément

traitté de l'art de faire les bains, pour prouoquer la sueur. La vapeur de ces esprits estant ainsi doucement dans le buffet, échauffe, & penetre tous les membres du malade, & produit en quelques maladies vn meilleur effect que s'il estoit meslé auec l'eau. Apres que le malade a esté le temps requis là dedans, il le faut faire entrer dans vn lict bien chaud pour acheuer la sueur tout doucement. On peut aussi donner vne prise de ces esprits volatils, dans quelque liqueur appropriée au malade, auant que de le faire entrer, afin qu'ainsi l'interieur aide à l'exterieur, & que l'operation s'en ensuiue, & plustost & mieux. Ainsi on pourra se seruir non seulement des esprits soulphreux, & volatils, des sels, des mineraux & des metaux; mais aussi de ceux de plusieurs vegetaux, comme de ceux de la semence de moustarde, de cresson, allenois, de tartre, &c. comme pareillement des esprits des animaux, comme de corne de cerf, d'vrine, de sel armoniac, & d'autres de cette nature: on peut estre asseuré qu'on en verra des effects incroyables pour la guerison de plusieurs differentes maladies inueterées, & creuës incurables & desesperées à cause de leur operation subite & tres subtile: à cause que la vertu des esprits soulphreux volatils consiste en vne essence ignée & soulphreuse, & celle des vegetaux & des animaux en vne essence mercurialle & aërienne, il ne faut pas confondre l'vsage de ces esprits; mais il se faut seruir de ces genres d'esprits de chacun en particulier, parce qu'on trouue vne differente

2
3
4

vertu dans ces esprits; ceux des sels, des mineraux & des metaux, estant d'vne toute autre nature, que ceux des vegetaux & des animaux.

Car les esprits mineraux & soulphreux pourront estre employez en quelques maladies, ausquelles ceux des vegetaux & des animaux seroient contraires: & au contraire, ces derniers seront plus vtiles que les premiers en d'autres rencontres, & cette contrarieté doit estre tres-soigneusement considerée, c'est pourquoy il faut auoir vne connoissance exacte & parfaite de la maladie & de la nature des bains, afin qu'on ne se serue pas des choses de nature contraire, & qu'ainsi on fasse plus de mal que de bien. Car la pluspart des bains medecinaux, comme aussi tous les esprits volatils des sels, des mineraux & des metaux tiennent d'vn esprit de sel soulphreux, qui penetre, qui eschauffe & qui desseche; & ceux des vegetaux & des animaux tiennent d'vn esprit volatil vrineux & nitreux, qui est subtil, qui penetre, qui eschauffe, qui ouure, qui subtilise, & qui attenuë; ce qui est tout à fait contraire aux autres, ce qui se voit quand on mesle vn esprit volatil soulphreux, soit celuy de vitriol, de sel commun, d'alun, ou quelqu'autre fait de mineral ou de metal, auec celuy d'vrine ou de sel armoniac, qui soit bien rectifié; car aussi tost l'vn tuëra l'autre, & luy ostera sa vertu volatil & penetrante, & ainsi de deux esprits tres-subtils & tres penetrants, qui sont de differente nature, il s'en fait vn sel auquel on ne trouue plus d'odeur ny de vertu apparente. Ce qui prouue que tous les esprits subtils ne sont pas de pareille nature, ny d'vne mesme essence, & qu'ainsi ils ne peuuent pas estre employez pour les mesmes maladies: C'est pourquoy il faut que ceux qui veulent se seruir des esprits, prennent bien garde à ce qu'ils font, à cause qu'il y a de grandes vertus & de puissantes actiõs cachées là dessous, afin qu'ils ne donnent pas l'ennemy pour l'amy, & le poison pour la Medecine, & faut qu'ils sçachent & qu'ils experimentent auparauant que de s'en seruir en Medecine, la nature de ces esprits, leur vertu & leur essence. Mais quelqu'vn pourroit demander; qu'est donc deuenuë la grande vertu de ces deux esprits en vn instant? s'est-elle esuanoüie & euaporée dans le combat qui s'est fait entr'eux en les versant l'vn auec l'autre? Nullement, leur vertu ne s'est point esuanoüie ou enuolée; mais elle est changée de spirituelle en corporelle, & ainsi du soulphre mineral le plus pur de tous, & d'vn mercure animal le plus volatil, & le plus penetrant de tous, il s'en fait vn tel esmerueillable corporel, qu'on pourroit tres-bien appeller l'Aigle Philosophique: parce qu'il monte comme vn sel à la chaleur lente, dans lequel il y a plusieurs secrets cachez, parce qu'on peut auec ce sel anatomiser les metaux d'vne façon merueilleuse, & particulierement l'or: & qu'il peut aussi estre exalté & meury en vne Medecine tres excellente, tout seul, sans meslange de metal de quoy il n'est pas besoin d'escrire dauantage icy: que i'en ay dit, n'est qu'afin qu'on medite serieusement sur la nature des esprits, & qu'on apprenne diligemment à les connoistre ; afin qu'on puisse bien sçauoir, que quand ils se reuestent d'vn autre corps, cela ne se doit pas prendre pour leur mort ; mais au contraire pour leur melioration.

Cela soit dit touchant l'vsage des esprits pour faire suër dans l'estuue seiche, sans eau, pour chasser plusieurs maladies ; le Lecteur curieux trouuera dans vn traité particulier dont nous auons fait tant de fois mention, si Dieu le permet, à quelle maladie chaque esprit est destiné pour y apporter le remede. Sçache neantmoins generalement que tous les esprits soulphreux, soit des sels, des mineraux ou des metaux, sont tres-efficaces contre toutes les obstructions des parties internes, comme sont celles du poulmon, de la ratte, du foye, & sur tout pour les parties nerueuses refroidies, parce qu'ils eschauffent puissamment, ils amollissent, attenuënt, chassent & nettoyent : c'est aussi à cause de ce que dessus, que ces esprits sont vn medicament precieux & rare contre la contraction des membres, la paralysie, le scorbut, l'epilepsie, la melancolie hypocondriaque, la verolle, la galle, & contre toutes sortes d'vlceres chancreux, fistuleux, & rongeans.

Les esprits qui sont de l'autre sorte, qui se tirent du tartre, de la corne de cerf, du sel armoniac, de l'vrine, & ceux des autres choses de mesme nature, sont aussi d'vne nature aucunement chaude, mais ils ne sont pas si desseichans, ayans auec leur chaleur vne proprieté pene-

aissément les creusets,& les retirer,& de pouuoir aussi y ietter le charbon auec vne pelle de fer. Pour cette porte, il faut auoir vne porte de pierre qui resiste au feu, ou vne porte de fer qui soit lutée d'vn bon lut, qu'on puisse fermer & ouurir facilement, & qui neantmoins doit fermer bien iuste, afin que le feu ne puisse attirer de l'air froid de ce costé là, quand le creuset sera dans l'extremité du feu : mais qu'il soit contraint de tirer l'air de la porte de dessous la grille, qui sert de registre ; Il faut que le fourneau soit encore exaucé de la hauteur d'vn empan par dessus la porte du foyer, & là dessus bastir vne voute qui ait vn trou rond au milieu du diametre de la troisiesme partie du diametre interieur du fourneau, afin que la fumée & la flamme puissent sortir & se ioüer par ce trou. Et lors qu'on voudra fondre quelque chose à violence de feu, on pourra ajuster sur le trou de la voute vn canal de fer battu, dont la taule soit enuiron de la hauteur de 5. de 6. de 8. ou de 12. pieds de haut, car tant plus tu voudras auoir le feu violent, d'autant plus faut-il aussi que le canal soit haut. On pourra, si on veut, bastir vne, deux, ou trois chambres, auec leurs portes par dessus cette voute: Que chaque chambre ait vn trou rond de la grandeur du premier, par lequel elles receuront la flamme,& qu'ainsi elle ne se perde pas inutilement,& par ce moyen on aura la commodité pour beaucoup de differentes operations, à cause que ces chambres ont diuers degrez de chaleur :

car celle d'en bas deuient si chaude, qu'on y pourra tenir en flux de fonte les metaux qui se fondent facilement, comme aussi les mineraux & les sels: On y pourra aussi cimenter, calciner, & reuerberer; de plus, on y cuira, & vernira les creusets & les autres instrumens de terre dont on a besoin pour le trauail, selon que nous enseignerons la maniere de les faire en nostre cinquiesme Partie, & finalement on pourra aussi, si la necessité pressoit, coupeller, souffler & griller les mines dans cette premiere chambre. Dedans la seconde qui sera vn peu moins chaude que la premiere, on pourra aussi y griller & rostir les mines & les marcassites, & y preparer les chaux des metaux desquelles on aura besoin, comme sont celles de Saturne, de Iupiter, de Mars, de Venus, &c. On y pourra aussi calciner le tartre, & autres choses vegetables, dont on voudra tirer le sel, qui sert à beaucoup d'operations Chymiques: on peut aussi calciner dans cette seconde chambre, & preparer les cornes, les os, & les cendres gluantes & visqueuses pour s'en seruir apres à faire les coupelles. Dans la troisiesme qui est beaucoup moins chaude que la seconde, on fera seicher les creusets, les pots à cimenter, & les couuercles qu'on aura faits de bonne terre, afin de les cuire & reuerberer en suite dans la premiere chambre. On pourra aussi faire dans ces trois chambres beaucoup d'autres choses necessaires, desquelles on a tousiours besoin dans vn laboratoire Chymique, sans estre obligé pour cela d'allumer d'autre feu, & ainsi on espargnera beaucoup de charbon. Si de plus on veut que ce fourneau produise vn feu de fusion, & de chasse au plus haut degré, il faut accommoder vn long canal de fer au trou de dessous la grille qui sert de registre, afin que le feu soit contraint de tirer l'air de plus loing. Car d'autant plus loing que le feu attire l'air, d'autant plus haut aussi a-t'il à iouër & à agir, auparauant que cet air ait retrouué sa sortie, & ainsi le feu donne vne chaleur bien plus vehemente pour la fonte : c'est pourquoy on a besoin de ce canal en bas & en haut. Mais si on auoit vne chambre commode laquelle eut vne cheminée qui eut vn autre tuyau de cheminée ioint, qui vint d'en bas, on pourroit bastir le fourneau en la chambre haute dessous la cheminée, & percer vn trou en la muraille du tuyau qui vient du bas, & touche à l'autre, & accommoder vn registre à ce trou, par lequel il faudra que le feu tire l'air du profond de la cheminée du bas : & par ce moyen on n'aura pas besoin du canal de dessous la grille pour attirer l'air de plus loing ; parce qu'il ne faudra qu'ouurir vne fenestre en bas, afin que l'air s'engouffre dans la cheminée ; alors le feu l'attire si puissamment à soy de ladite cheminée, qu'il y a dequoy s'en esmerueiller, n'y ayant point de soufflet qui puisse produire vn pareil effect, iusques là qu'il est capable de fondre le fourneau, s'il n'est pas basty auec de la terre fixe & permanente au feu ; ce qui arriue mesme aux meilleurs creusets, quand ils demeurent long temps dans cette grande chaleur, car il est impossible qu'ils y resistent, mais il ne se fait qu'vne masse confuse du tout, c'est pourquoy le registre est necessaire, pour graduer le feu, & ainsi en donner plus ou moins, selon qu'il en sera besoin & qu'on en voudra donner.

Quoy que ce fourneau semble d'abord mesprisable, neantmoins par la grace de Dieu, ce fourneau est l'vnique moyen par lequel ie suis paruenu à la connoissance de tout ce que ie sçay de plus secret & de meilleur. Car auparauant i'auois esté contraint dés ma ieunesse de trauailler chez les autres, & du depuis encore pour moy-mesme auec les fourneaux à vent communs, & auec les soufflets. Ce qui a beaucoup endommagé ma santé, parce qu'auec ces sortes de trauaux on ne peut pas esuiter les mauuaises vapeurs & les suyes venimeuses; mais auec ce fourneau on n'apprehende pas les vapeurs puantes & venimeuses, la fumée ny la poudre. On éuite aussi la chaleur insupportable: car ce fourneau ne iette aucune fumée, que par le haut de son canal; il attire aussi si violemment à soy, quand on ouure la porte du foyer, pour mettre ou pour oster les creusets, ou pour y ietter du charbon, que s'il y auoit mesme vn autre fumée, à vne demie aulne de distance, il l'attire par sa propre force à soy; & à cause que le feu tire si puissamment à soy, il conserue sa propre chaleur, & la retient en sorte qu'on ne se peut pas brusler auprez de ce fourneau. Il est neantmoins besoin de couurir la main de laquelle on tient les mollets ou les pincettes auec vn gand de toille triple, qui soit moüillé, & en l'autre main vn parafeu de bois troüé pour mieux voir dans le fourneau, & empescher que la grande viuacité & la splendeur du feu ne frappent le visage & n'esbloüissent la veuë, n'y ayant rien autre chose à craindre, non pas mesme la maligne vapeur des charbons, quād on fond; ce qui n'est pas vn petit aduantage pour les artistes. Ie confesse ingenuëment, que si ie n'auois trouué & inuenté ce fourneau, que ie n'ay que depuis enuiron quatre ans, i'aurois abandonné l'Alchymie, auec tous ces trauaux importuns, ennuyeux & nuisibles; car i'auois passé plusieurs années de ma vie, en vne grande misere, en chagrins importuns, & en veilles laborieuses, & parmy des puanteurs & des vapeurs nuisibles à la santé. Iusques-là que ie ne pouuois entrer dans mon laboratoire sans chagrin & sans nausée, quand ie voyois tant d'especes de choses & de drogues differentes dans des papiers & dans des boëtes; comme aussi de toutes sortes d'instrumens de verre, de terre, de fer, & de cuiure, entiers, ou rompus, meslez confusément les vns auec les autres, le tout me faisoit dresser les cheueux à la teste, & ie me reputois malheureux de m'estre addonné à vn tel esclauage, & principalement à cause que ie considerois, que de cent du nombre desquels i'estois, qui se meslent de l'Alchymie à peine y en a-t'il vn qui reüssisse au poinct d'en pouuoir viure

& s'en deffrayer. Toutes ces raisons iointes ensemble, m'auoient fait resoudre d'abandonner & de dire adieu à l'Alchymie, & à toutes mes vaines recherches, pour me donner tout entier à la Medecine & à la Chirurgie, dans lesquelles i'auois tousiours reüssi heureusement, & tascher par ce moyen de subsister auec moins d'incommodité. Mais comme i'estois prest d'executer ma derniere resolution, & que ie voulois ietter tous ces differents fatras de vaisseaux & de matieres, ie trouuay des morceaux de creusets; dans lesquels i'auois autrefois fondu de l'or & de l'argent, où il y auoit encore quelques grains de ces metaux, ie voulus les fondre auec quelques autres restes que i'auois gardez pour en retirer encore quelque petite chose: Mais comme i'auois desia vendu mes soufflets, & qu'ainsi il m'estoit impossible sans cette aide de fondre ces matieres, qui estoient desia de soy tres-mal-aisées à fondre; Ie meditay plus serieusement là dessus, & ainsi i'inuentay ce fourneau, & le bastis aussi-tost, ie l'esprouuay, & le treuuay si merueilleux & si bon, que ie recommençay d'esperer. Et ainsi ie changeay de resolution: Car comme ie remarquay combien ie pouuois briefuement & facilement fondre toutes choses, ie recommençay à chercher de nouueau & à fondre, & ainsi ie trouuay de iour en iour les plus nouueaux & les plus reseruez secrets de la nature; ce qui ne me resioüit pas peu; Ie poursuiuis donc, & ie cherchay si long-temps, qu'à la fin Dieu m'ayant ouuert les yeux, i'ay trouué & remarqué ce qu'il y auoit si long-temps que ie cherchois, auec tant de peine & si vainement. A quoy ie ne fusse iamais paruenu sans ce fourneau, quoy que i'eusse sceu dés auparauant beaucoup dauantage : ainsi Dieu mercy i'ay trouué de iour en iour dequoy m'esmerueiller de plus en plus, dequoy ce bon Dieu Tout-puissant soit loüé & benit tout le temps de ma vie, comme i'y suis obligé ; Cela a fait aussi que i'ay creu de mon deuoir, de communiquer l'inuention de ce fourneau à mes prochains, consciencieusement & fidelement.

Ie fais iuge maintenant tout homme qui se mesle du feu, si ce fourneau n'est pas meilleur que les fourneaux à vent communs, & la pratique des soufflets. Car si on veut fondre quelque metal dur à fondre, combien faut-il consumer de temps & de charbons auant qu'on l'ait mis en flus ? que si on se sert du soufflet, il faut necessairement auoir quelqu'vn pour souffler, il faut aussi auoir continuellement soin, que le creuset ne soit desgarny de charbons, de peur que l'air froid venant à le frapper ne le casse, & qu'ainsi tout ne se perde dans le feu ; ou bien on renuerse le creuset en soufflant, ou le couuercle tombe, & ainsi il entre des impuretez dans le creuset. Il n'importe pas neantmoins quand on fond des metaux, qu'il y tombe des charbons : mais si on fond des sels & des mineraux, sans lesquels les metaux ne peuuent estre perfectionnez par la fonte, ils ne souffrent pas les charbons, au contraire, ils s'enfuyent par dessus, ce qui apporte vn grand empeschement : or on ne peut apprehender rien de pareil, auec ce fourneau, parce que le vent ou l'air vient circulairement par le bas, tout à l'entour du creuset. On peut aussi y regarder quand on veut ; parceque les creusets ne sont pas enseuelis si auant dans les charbons, comme ils le sont dans les fourneaux à vent, & qu'il faut aussi qu'ils le soient, lors qu'on se sert des soufflets : Mais dans cettuy-cy on peut fondre ses matieres, quoy que le creuset ne soit qu'à demy dans le feu, & ainsi le couuercle demeure libre, sans estre couuert de charbons ; ainsi on n'a besoin de personne pour se faire ayder à souffler ; puis qu'on peut gouuerner le feu par le registre, & luy donner tel degré qu'on iuge à propos, comme si on auoit l'air ou le vent en vn sac, & qu'on en prist ce qu'on voudroit.

Ie recommande hautement ce fourneau à ceux qui cherchent leur fortune par le moyen du feu, afin qu'ils le bastissent comme il faut, & qu'ils prennent garde de bien approprier le registre, pour bien gouuerner le feu : Ie les asseure, si cela est ainsi, qu'ils pourront faire quelque chose de bon, & que ce fourneau les aydera à se remettre sur pied.

Comment on doit faire l'espreuue des mines & des marcassites, pour sçauoir dequoy & combien elles tiennent.

L'Espreuue & l'affinement des mines & des marcassites est à present suffisamment connu; c'est pourquoy il n'est pas necessaire de s'estendre beaucoup là dessus, principalement à cause qu'il y a deuant nous plusieurs affineurs & mineurs tres-renommez qui ont traité de cette matiere proprement & amplement, comme *George Agricola, & Lazare Ercker*, & plusieurs autres ausquels ie renuoye le Lecteur curieux. *Lazare Ercker* qui est tres renommé, a mis au iour vn Liure, dans lequel il traite de la difference des bonnes & des mauuaises mines, & du moyen de les esprouuer, en sorte qu'il n'y a rien à adiouster. Neantmoins l'experience nous fait voir, ou que luy ny ses predecesseurs n'ont pas tout sceu, ou qu'ils ne l'ont pas voulu rendre commun. Quoy qu'il en soit, les effects nous font voir que les meilleures choses n'ont pas encore esté escrites, & qu'elles pourront bien ne l'estre pas encore si tost à cause de l'ingratitude du monde; si est ce que les plus veritables & les plus excellens Philosophes, nous asseurent tous d'vn commun consentement, que les metaux imparfaits, comme le plomb, l'estain, le fer, le cuiure, & le vif argent, font en leur interieur bon or & bon argent, quoy que tres-peu de personnes l'ayent creu de cette sorte iusques icy, & que la verité n'ait pas esté encore descouuerte, à cause de la negligence & l'inhabilité. On s'est simplement contenté de ce qu'on auoit veu, ou oüy de ses predecesseurs; comme pour exemple, on a tenu pour constant, que tout ce qui ne laissoit rien sur la coupelle, apres l'examen du plomb, n'auoit rien de bon en soy; quoy que l'espreuue faite par la coupelle ne soit pas la vraye espreuue des Philosophes, encore qu'elle ait esté estimée l'estre par la plus grande partie; mais elle n'est que l'espreuue des mineurs & des affineurs communs, dequoy plusieurs Philosophes me rendront tesmoignage, comme Isaac Hollandois, & principalement Paracelse en plusieurs lieux, où il parle des metaux, & particulierement dans son petit Liure, qu'il appelle le Liure des vexations des Alchymistes, où il descrit euidemment toute la proprieté fondamentale des metaux, & leur melioration. Et quoy qu'vn chacun ne le puisse pas entendre, n'importe, il n'est pas necessaire que cela deuienne si commun. Quoy que l'art soit, ou semble estre en soy si vil & si facile, neantmoins il nous aduertit, que les metaux communs estans dépoüillez de leurs impuretez, contiennent beaucoup de bon or, & de bon argent. Mais il ne dit pas comment on doit dépoüiller & nettoyer les metaux communs de leurs ordures: il louë seulement & prise fort le plomb, comme le maistre qui peut faire cela ; C'est de là que les Alchymistes sans experience ont creu que ce n'estoit que le plomb commun ; & ainsi ils n'ont point connu son eau, par laquelle il ne laue pas seulement *les autres metaux*, mais il se laue & se nettoye aussi soy mesme : ils se sont imaginez qu'il ne falloit que mettre de l'estain, du fer, ou du cuiure sur vne coupelle auec du plomb, puis les chasser, pensans que c'estoit leur vray lauement, ne remarquans pas que le plomb n'a point de communication dans le grand feu, auec l'estain, ny auec le fer : mais qu'il les laisse & les chasse arriere de soy aussi noirs & aussi sales qu'auparauant, sans aucune melioration, comme il est connu de tous. Or voicy ce que peut faire le plomb commun, lors qu'on a vny & meslé auec iceluy quelque mine ou autre chose semblable, qui tienne d'or ou d'argent, & qu'ils sont ensemble sur la coupelle, le plomb entre dedans la coupelle auec les scories & les impuretez de ces mineraux, & ainsi l'or ou l'argent demeurent seuls sur la coupelle ; c'est ce que les mineurs appellent affiner. Voicy comme cela se fait. Cela arriue à cause que l'or & l'argent sont naturellement lauez, dépoüillez & nettoyez de leur soulphre superflu : c'est pourquoy ils ne se meslent plus radicalement auec les metaux imparfaits , qui sont remplis d'vn soulphre grossier, impur, & non meur : Il est vray neantmoins qu'ils se meslent volontiers auec eux par le moyen de la fonte, mais aussi-tost que ce meslange est dans le feu, le soulphre combustible du metal commun, trauaille sur son propre mercure, & le reduit en scorie, & cette matiere impure entre dans la coupelle par la violence du feu, si elle est bien faite, parce qu'elle est poreuse, & ainsi elle se separe du metal pur : ce qui n'arriue pas, si le meslange est mis sur vn test qui soit fait de bonne terre compacte, bien cuite, & permanente au feu ; car quoy que cette matiere impure se separe du pur metal, si est-ce qu'elle n'entre point dans le test, mais elle demeure dessus en scorie vitrée, cassante & vilaine ; ce qui ne se fait pas dans les coupelles, parce qu'elles sont poreuses, estant faites des cendres des bois legers & poreux & des os calcinez. Et ainsi le feu conuertissant peu à peu le plomb qui estoit auec l'or ou auec l'argent, en scorie ou en litharge, auec les matieres des metaux imparfaits qui estoient auec, le tout s'insinuë & penetre dedans le corps de la coupelle, & ainsi le fin or ou le fin argent demeure tout seul au dessus. Car la nature du plomb est telle, que s'il est mis sur vn vaisseau plat qui reçoiue la chaleur d'en haut, & qu'il soit froid par le bas, qu'il se change tout en litharge : mais s'il est mis sur vn bon test de terre fixe, compacte & permanente au feu, il se change finalement en vn verre iaune transparent, s'il n'y a point d'autre metal meslé, apres auoir esté litharge : que s'il est meslé de quelqu'autre metal, comme cuiure, fer, ou estain, le verre se colore, vert, rouge, noir ou blanc, selon le plus ou le moins, du metal qui estoit meslé auec le plomb : mais si cela se fait sur vne coupelle faite de cendres legeres, la litharge ou la scorie trouuant des pores, elle se fourre dedans, iusqu'à ce que tout le plomb soit entré, ce qu'il n'auroit pas fait, s'il n'estoit pas deuenu litarge, mais il seroit demeuré au dessus. Ainsi l'affinage n'est autre chose que la conuersion & le changement du plomb, & de l'addition du metal ou de la mine imparfaite, en scorie qui entre dans la coupelle, & l'or ou l'argent, qui sont de leur nature fixes & purs, & qui ne peuuent passer en scorie ; demeurent derriere en leur perfection.

Mais peut-estre que ce discours te semblera superflu, d'autant que cet examen metallique se voit par tout le monde. A quoy ie respond, qu'il n'est pas superflu, d'autant que beaucoup d'examinateurs errent dans l'opinion qu'ils ont, que le plomb corporel entre dans la coupelle auec les imparfaits, sans estre conuerty en litarge, pource qu'il en est derechef tiré estant corporel : Ce discours n'est pas en leur faueur, veu qu'ils ne trauaillent que par coustume, sans nulle discretion, mais bien en faueur de ceux qui recherchent incessamment les secrets de la Nature, & cet examen Philosophique.

Or ce n'est pas icy qu'il faut découurir ce que c'est que l'examen Philosophique, par le moyen duquel on tire plus d'or & d'argent que par cette voye ordinaire : car il suffit d'en auoir monstré la possibilité, & il n'est pas à propos que tout le monde en ait la connoissance. Sçache pourtant, que si tu entends bien la preparation du plomb, estain, cuiure & fer, les rendant propres à cette vnion radicale qui se fait par le moyen de la susdite eau de Saturne, en sorte qu'ils puissent ensemble supporter la force du feu, tu separeras & attireras l'or & l'argent des metaux imparfaits, & le laisseras dans la coupelle auec profit, autrement tu n'en auras que peu ou point. Car ce n'est rien faire, que de les examiner auec le plomb par la voye commune, & de les reduire en scories, d'autant que l'estain & le fer qui abondent en or & argent, ne durent pas auec le plomb dans la violence du feu, mais sont éleuez en forme de peau ou scories, à cause de leur soulphre superflu, ou comme vne graisse qui nage sur l'eau, sans aucune separation, sinon que ce soit de l'estain & du fer qui ayent acquis l'or ou l'argent, dans la premiere fonte qui en a esté faite. Par ce moyen il arriue quelquefois à vn ignorant de faire vne bonne épreuue, mais n'en sçachant pas la cause, il ne la peut faire vne seconde fois. Si les Chymistes & Examinateurs pesoient bien la chose, & consideroient comment le plomb examiné, priué de son argent, & tiré de la coupelle, contient neantmoins encore de l'argent, ils establiroient vn bon fondement, sans lequel tout le trauail qui se fait sur les metaux imparfaits, est inutile. Voila touchant cet examen Philosophique connu de peu de gens. L'autre commun est trop connu pour en parler. *Lazarus Ercker* en a traité à fond. Il y aussi vne autre sorte d'examen des mineraux, laquelle se fait sans plomb, auec du verre de Venise, ou autre bon fusible, dans lequel on mesle vn grain ou deux de mineral puluerisé, auec demie once de verre pulueriſé, on les mesle dans vn creuset, on les fond, puis on les verse : & par ce moyen le verre attirera & dissoudra le mineral, lequel en sera coloré, ce qui marquera le metal qui est contenu dans la miniere, & donnera lieu à vn examen plus fort par le moyen de Saturne, le premier n'ayant esté que pour reconnoistre. Et c'est la bonne espreuue des mineraux les plus durs, & presque inuincibles, comme sont la pierre hematite, le mery, & grenat, le talc noir & rouge, abondant souuentefois en or & en argent, ne se pouuant iamais mesler auec le plomb, à raison dequoy ils sont mesprisez, & souuent iettez, quelque abondance d'or & d'argent qui soit en eux, d'autant qu'ils ne peuuent pas estre éprouuez : ce qu'ils seront par la susdite voye, tellement qu'ayant découuert les thresors qui estoient cachez en eux, tu les pourras traiter auec plus d'asseurance, & les perfectionner. Or voicy comment les couleurs marquent ce qu'ils contiennent.

Le verre representant vn verd de mer, signifie le pur cuiure : mais vn verd de couleur d'herbe, signifie que le cuiure & le fer y sont meslez : le verre de couleur obscure signifie le fer : tirant sur le iaune, l'estain : iaune doré, ou couleur de ruby, signifie l'argent : la couleur bleuë ou de saphir, signifie l'or tout pur: la couleur d'émeraude signifie l'or & l'argent meslez: la couleur d'amethiste signifie l'or, l'argent, le cuiure & le fer meslez. Le verre prend aussi quelquefois d'autres couleurs, selon la diuersité du poids des metaux qui sont meslez ensemble, ce qui se connoistra par l'vsage, & par l'épreuue qu'il faut faire auec le Saturne.

Il se fait aussi vne autre épreuue auec le salpestre, auant que d'en venir à la derniere, & dans cette épreuue principalement l'estain, le fer & le cuiure donnent largement leurs thresors, lesquels ils ne veulent pas donner dans l'examen fait auec le plomb: ce qui n'est pas vne marque de disette, mais que Saturne n'est pas le veritable iuge des metaux: car s'il l'estoit, il en attireroit également les thresors, tant en grande qu'en petite quantité. En suite est l'épreuue par le nitre.

Mesle vne partie de soulphre: 2. de tartre pur, & 4. de nitre purifié. Puis prends vne once de ce meslange, vne drachme du metal ou du mineral brisé. Mesle-les, & les mets dans vn creuset, leur appliquant vn fer chaud ou vn charbon ardent: ce meslange s'enflammera, & donnera vn feu tres-vehement, lequel reduira ce mineral en scorie: tout ce qui ne sera pas reduit en scorie, il le faut mesler derechef auec le meslange susdit, & le brûler tant que le tout soit consumé par le feu. En apres fay couler dans vn fort creuset ces scories, ou sel contenant en soy le metal qui a

esté

esté deuoté, tant qu'il se change en verre, lequel estant versé, on trouue vn petit grain d'or ou d'argent prouenant du mineral ou metal épreuué. Ce trauail estant deuëment executé, te donnera du plaisir, mais non pas du profit, d'autant qu'il ne se peut faire en grande quantité. C'est pourquoy cette sorte d'épreuue n'a esté mise icy que pour faire voir que presque tout estain, fer, & cuiure, contiennent de l'or & de l'argent, quoy qu'ils ne le donnent pas dans la coupelle.

Or il ne faut pas croire que ce soit vne transmutation, veu que ce n'est qu'vne separation, c'est pourquoy tu dois penser à leur difference. Prends garde de n'allumer pas ce meslange par le bas, mais par le haut, de peur de la fulmination.

Les metaux qui sont aisément fusibles, sont aussi épreuuez par le meslange suiuant. Prens vne partie de raclure de bois de tillet sec, deux parties de soulphre, huict ou neuf parties de nitre pur, fay *stratum super stratum* dans le creuset, & prens pour 11. ou 12. parties de ce meslange, vne partie du mineral brisé tres-subtilement, & l'allume, lors la mine fonduë donnera vn grain, lequel sera de l'or pur, ou de l'argent.

Si la mine n'est pas trop impure, l'impureté estant consumée par le feu vehement, & si cette épreuue n'est pas pour ton profit, elle est neantmoins rationnelle, & peut-estre pour ton instruction.

De la fonte des mines & metaux.

LA fonte de ceux-cy en grande quantité n'est pas pour cet endroit, d'autant que cela ne peut estre fait par ce fourneau; mais il en est parlé assez amplement dans les escrits des autres, concernant les mineraux.

De la separation des metaux.

C'Est icy vn art tres-ancien & profitable, par lequel vn metal peut-estre separé de l'autre: & il se fait pour la plufpart de quatre façons, sçauoir par l'eau forte, par le ciment, par le flux auec le soulphre, & plomb, & enfin par l'antimoine: lesquelles façons ont esté clairement & distinctement descrites par ce fameux *Lazarus Ercker*, à la description duquel il n'y a rien à redire, quoy qu'on y pourroit ioindre quelque chose, mais n'estant pas de peu d'importance, il seroit superflu d'en parler en ce lieu.

Et cette separation consiste en trois principaux metaux, qui sont or, argent, & cuiure: il ne fait nulle mention des autres metaux, & deux des quatre susdites façons sont en vsage, comme estant aisées, sçauoir par eau forte, & par ciment: les autres deux sont communément negligée, qui sont par le benefice de la fonte auec le soulphre, & le plomb, & aussi par l'antimoine: ce qui est admirable, d'autant que les metaux sont plus aisément separez par ces deux voyes, que par l'eau forte, & par l ciment, ſuppoſant vne grande perte, laquelle ne prouient pas du ſoulphre & de l'antimoine; Mais l'ignorance de l'artiſan, qui ne connoiſt pas la nature du ſoulphre, & de l'antimoine, doit pluſtoſt eſtre blaſmée, à cauſe qu'il ne connoiſt pas comme il s'en faut ſeruir. Et comme cela il laiſſe la plus aiſée voye de ſeparation; mais il faut que ie confeſſe, que ie ne voudrois pas faire la ſeparation auec eux ſans ce fourneau, d'autant que par cette façon commune de fourneaux & ſoufflets, la puanteur du ſoulphre, & de l'antimoine, offence le foye, les poulmons, le cerueau, & le cœur; il eſt receu par le nez au dommage de la ſanté: à cauſe dequoy ie ne m'eſtonne pas ſi ces deux façons qui requierent vne diligence plus grande que les deux precedentes par l'eau forte, & par le ciment ſont reiettées: mais ce fourneau eſtant connu, auec lequel on peut fondre ſans danger, ie ne doute pas que les 2. façons dernieres ne preualent, comme plus profitables. Car celuy qui connoiſt l'antimoine, non ſeulement ſeparera l'or de toute addition, plus ayſément, à peu de frais, ſans en rien perdre, lequel ſera plus promptement affiné, mais encore il ſeparera plus aiſément l'argent doré, que par le ſoulphre, plomb & en grande quantité ſans perte de l'or ny de l'argent.

C'eſt icy la meilleure & la plus aiſée ſeparation de l'or & de l'argent, laquelle ſe faict par le benefice de la fonte, ne requerant autre dépenſe que les charbons; car l'antimoine a autant d'or en luy qu'il peut valoir, ce qui ſera le profit du separateur; ie veux que tu sçaches cecy, que l'antimoine peut estre separé derechef de l'or, & de l'argent, non par la façon commune des soufflets, mais d'vne façon particuliere par laquelle l'antimoine est preserué, de telle façon qu'il pourra seruir derechef au mesme vsage, dequoy ie veux traiter en vn autre endroit. Outre les susdites quatre façons, il y en a vne autre qui est la meilleure de toutes, qui se fait par l'esprit nitreux du sel, nommément de cette maniere.

℞. Esprit de sel (preparé par nostre premier ou second fourneau) & y iette du nitre qui se dissolue dedans, auquel mettras des grains d'or & d'argent meslez & du cuiure; mets cela dans vne cucurbite sur le sable chaud à dissoudre, & l'or & le cuiure se dissoudront ensemble, & l'argent sera laissé au bas du verre: verse la dissolution par inclination, sur laquelle mets quelque chose pour precipiter l'or, & les fais boüillir ensemble; & le pur or se separera & se precipitera comme de tres-fine farine, seruant pour les escriuains & pour les peintres, le cuiure estant laissé dans l'eau; lequel precipiteras s'il te plaist hors de l'eau, mais il est meilleur de tirer l'eau dehors, laquelle seruira derechef pour le mesme vsage, si l'or precipité est laué & seiché, il donnera dans la fonte (par où rien n'est perdu) le meilleur & pur or qui se puisse, car l'or fin ne sçauroit estre fait par l'eau forte, ny par l'antimoine.

C'est pourquoy c'est icy la meilleure façon de toutes, non seulement pour le peu de frais, mais pour la facilité & pour auoir le meilleur or de tous.

En ſuite prens l'argent calciné qui eſt dans le verre & le ſeiche, ce fait fais fondre vn peu de ſel de tartre dans vn creuſet, & mets ton argent affiné peu à peu dedans auec vne cueillere, & il ſe reduira incontinent en corps ſans aucune perte. Tu peux auſſi faire boüillir cette chaux auant la faire ſeicher, quand tu la tires hors du verre auec de la lie de ſel de tartre, tant que toute l'humidité ſoit euaporée: & fondre ce qui reſte: par où auſſi rien ne ſe pert. Sans ce medium l'argent calciné (par l'eau regale) n'eſt point fuſible de luy meſme, ſe tournant en vne matiere caſſante, comme vne corne, eſtant blanche, ou d'vne couleur meſlée entre blanc & iaune: c'eſt pourquoy les Chymiſtes l'appellent la corne de Lune, ou Lune cornuë: laquelle beaucoup ce ſont eſſayez de reduire en corps, de laquelle reduction nous auons deſia parlé. Si tu n'as point d'eſprit de ſel, prens de l'eau regale faite d'eau forte & de ſel armoniac, laquelle fait les meſmes effets, mais eſt plus chere. Cette maniere eſt auſſi preferable à toutes les autres, parce qu'elle eſt propre à la ſeparation de quelque or que ce ſoit, pourueu qu'il ſurpaſſe en poids la Lune; ce qui eſt abſolument neceſſaire dans la ſolution qui ſe fait par l'eau regale.

Mais afin que tu voyes la prerogatiue de cette ſeparation, remarque vn peu quand tu ſepares par l'eau de depart, ou eau forte, il faut iuſtement que tu mettes deux ou trois parts de fin argent, contre vne de ton or bas : là où il faut la peine & les frais pour affiner l'argent pour le fondre & grenailler auec l'or : apres vne grande quantité d'eau forte pour dissoudre, precipiter, edulcorer, seicher, & fondre vne grande quantité d'argent. Considere ie te prie le trauail & les frais de ma separation, auec la vulgaire. Quand tu separes par ciment, il est besoin d'auoir des boëttes, & vn feu continuel d'vn degré, lequel trauail est ennuyeux, à cause du temps & de la dépense pour les charbons, & doit estre fait deux ou trois fois, eu égard au meslange des scories. Or considere derechef la peine & les charges de ces deux separations. Quand tu separes par le soulphre & par l'antimoine qui est la meilleure façon, sans beaucoup de frais, si tu connois comme quoy il faut separer l'or de l'antimoine sans souffler; mais aussi ennuyeuse, à cause de la peine trois fois plus grande que celle de la nostre, & à cause de la difficile separation de l'or & de l'argent des scories de l'antimoine. C'est pourquoy pense bien de quelle façon de separation tu desires te seruir, certainement tu choisiras la mienne.

Cette façon de separation a aussi cet aduantage, qu'elle n'a pas besoin d'argent affiné, par la brulure, mais seulement de le mettre en grenaille, le dissoudre, ou separer par le moyen de l'eau forte, & quoy que le cuiure meslé auec l'argent emporte beaucoup, neantmoins par le moyen de ce sel il est plustost precipité : par ce moyen l'argent doré est plustost separé, l'or estant dissout par l'esprit nitreux, & pr cipité auec la susdite matiere precipitante. Pour la separation de l'argent doré, elle se fait par le moyen de la fonte. Il n'y en a point de p us aisée à faire que celle qui se fait par le so lphre & par l'antimoine. Car les choses ma elles estant connuës, vne grande quantité es separée en peu de temps; mais ne connoiss t pas comme il se faut seruir de l'antimoine & du soulphre (pour laquelle chose nostre fourneau est propre) laisse le, & te sert de la faço commune, c'est pourquoy ne iette pas ta fa te sur mes escrits, que ie n'ay mis au iour qu pour ton profit.

La separation des metaux imparfaits.

LA façon de separer l'estain du plo b, & le cuiure du fer, sans perte d'aucu des deux metaux, n'a pas encore esté con ë, & me semble impossible, à cause de la co busti-bilité des deux metaux, & superfluë p ur la peu de profit qui ne regarde pas la déper se.

On a cherché long temps inutileme la façon de separer l'or & l'argent de l'esta n sans perte. Mais si on examine bien la cho e, on trouuera la possibilité. Et bien que ie n' n aye iamais fait l'espreuue en grande quantit m'estant contenté de la precipitation en petite quantité, ie croy pourtant que cela p rroit reüssir en grande quantité, & mesm auec beaucoup de fruict, par le moyen d'v fourneau particulier, dans lequel l'or & l' rgent estant precipitez auec le plomb ou *halb Kopf*, par vn feu tres-vehement, l'estain est separé, iusques à la dixiesme partie, & ce residu doit estre particulierement reserué. Apres quoy il faut precipiter de nouuel estain dans le susdit fourneau, & le separer iusques au residu du Regule, lequel doit estre adiousté au premier qui auoit esté reserué. Et il faut reïterer ce trauail tant qu'on ait vne suffisante quantité de regules qui remplisse le fourneau, laquelle quantité il faut derechef precipiter; d'autant que par ce moyen l'or & l'argent sont reduits à l'estroit, tellement qu'ils sont par apres facilement separez de l'estain superflu. Ie croy que cette separation sera fructueuse, lors qu'il y a peu de deschet du poids, qui s'en va en cendres & fumée, & l'addition du plomb ou *halb Kopf* n'est pas nuisible, pource que l'on a accoustumé d'adiouster l'estain au plõb *halb Kopf*, & est derechef separé. C'est pourquoy il est bon de separer la vieille vaisselle, à cause du meslange du plomb & *halb Kopf*, & d'en precipiter l'or & l'argent auec l'addition du sel, & lors on peut ou vendre ou trauailler derechef le residu qui n'a esté nullement alteré par le *halb Kopf*, ce qui à mon aduis n'est pas vn petit aduantage.

De la perfection des metaux.

CEtte question n'est pas aisée à decider, veu la diuersité des opinions de tant de Siecles, de sorte que la plusparr des hommes ne veulent pas croire la verité qui a esté publiée par les Philosophes. La principale raison est, que de cent, à peine s'en trouue il vn qui ne soit reduit à la pauureté par ce trauail. C'est pourquoy on ne sçauroit blasmer les incredules, là où il n'y a pas apparence de verité.

L'experience neantmoins prouue la possibilité par le moyen de l'art & de la Nature, quoy que les exemples soient fort rares. Mais quelle absurdité seroit-ce de nier le Ciel & l'Enfer pour ne les auoir iamais veus ? Mais tu me diras qu'il le faut croire, pourceque les Prophetes & les Apostres nous l'ont reuelé ; & qu'il n'en est pas de mesme de la tradition des Philosophes. A quoy ie réponds, que tous les Philosophes n'ont pas esté Payens, & que beaucoup de Chrestiens ont escrit touchant cet art, outre que parmy les Payens il y en eut de fort gens de bien, qui eussent creu à l'Euangile, s'il leur eust esté annoncé, & qui ne sont pas si blasmables que nous, qui faisans profession du Christianisme par nos paroles, le nions par nos œuures. Pourquoy eussent-ils voulu nous abuser par des mensonges & par des sottises, dont ils ne pouuoient esperer aucun profit ? veu que mesme la plusparr ont esté des Princes fort puissans. Parmy les Chrestiens il y en a plusieurs qui ont asseuré la verité de cet art fort religieusement, tels qu'ont esté de grands Prelats, comme Saint Thomas d'Aquin, Albert le Grand, Lulle, Arnaud, Roger Bacon, Basile, &c. Comment se peut-il faire que des hommes pieux eussent voulu abuser & ietter dans l'erreur la posterité? quand mesme les escrits de ces illustres personnages ne seroient pas en lumiere, il y auroit des tesmoignages viuans pour la confirmation de cette verité. Et ie ne doute point qu'il n'y ait des gens qui possedent la connoissance de l'art, sans le publier. Car qui seroit l'insensé qui se voudroit découurir au monde, pour n'en auoir autre recompense que de l'enuie? Quelqu'vn me demandera peut-estre pourquoy ie prens le party de l'art auec tant de chaleur, comme si i'auois veu ou fait quelque chose? Il est vray que ie n'en suis iamais venu à la proiection, & que ie n'ay point veu de transmutation; toutefois ie suis certain de la verité, d'autant que par le moyen du feu i'ay souuent tiré de l'or & de l'argent des metaux, auec ceux qui ne laissent aucun or, ny argent dans la coupelle. Ce n'est pas que par là ie veüille entendre qu'vn metal perfectionne l'autre, ou le change en or & argent. Mais voicy mon sentiment:

Comme dans le regne des vegetaux l'eau mondifie l'eau, ou le suc par la cuisson, ce qui arriue dans la purification du miel & du sucre, ou autre suc vegetable, auec de l'eau commune, & des blancs d'œufs: Il faut auoir la mesme opinion des sucs mineraux, ou des metaux, desquels si nous connoissions l'eau & le blanc d'œuf propres & conuenables à les purger, nous pourrions sans doute oster leur impureté, & reduire de puissance en acte leur or & leur argent qui est caché en eux comme dans des cosses noires. Ce qui ne seroit pas vne transmutation de metaux, mais seulement vne extraction d'or & d'argent de parmy les ordures. Tu me demanderas comment l'or & l'argent se peuuent tirer du cuiure, fer, estain, & plomb par le moyen de ce lauement, veu qu'il ne s'y en trouue point par l'espreuue des coupelles? Nous auons cy-dessus respondu, que l'espreuue des coupelles n'est pas suffisante pour toutes sortes de metaux; c'est pourquoy ie renuoye le Lecteur au Liure de Paracelse de la vexation des Alchymistes, où il trouuera vn autre lauement & purification des metaux, laquelle n'a pas esté comme des anciēs mineurs. Pour exemple: Le mineur trouuant vne mine de cuiure se sert de la methode qu'il tient des anciens, & suiuant icelle, il la purifie & reduit en metal: Il la brise premierement en morceaux, & la brusle pour en oster le soulphre superflu, puis par la force de la fonte il la reduit en pierre, laquelle il met derechef au feu, & par l'addition du plomb, la priue de son or & argent; ce qui estant fait, il la noircit, puis enfin la rougit, & reduit en cuiure, & par son dernier trauail le rend malleable & propre au debit. En suite le Chymiste tente vne autre separation, par le moyen de laquelle il en tire l'or & l'argent. Ce que peu de gens sçauent pratiquer. Le mesme Paracelse dit au mesme endroit, que Dieu a donné à certaines personnes vne voye plus facile & plus prompte de separer l'or & l'argent des metaux imparfaits, sans la culture des mines, par le moyen de l'art, laquelle il n'enseigne pas ouuertement, mais il asseure qu'il l'a suffisamment monstrée dans les 7. regles du Liure, auquel il traite de la nature & proprieté des metaux, où tu la peux aussi trouuer.

Cette purification des metaux imparfaits me semble la plus aisée, laquelle i'ay souuent éprouuée en petite quantité. Et ie ne doute point que Dieu n'en ait encore monstré d'autres voyes à d'autres Artistes par le moyen de la Nature. Pour exemple. Si quelqu'vn purgeoit quelque fruit de la terre de ses feces par la distillation, de sorte qu'estant dépoüillé de ses impuretez il parut au iour auec vn corps nouueau, & transparent : comme si quelqu'vn distilloit par la retorte l'ambre noir & impur, il se feroit par le feu vne separation de l'eau, de l'huile, de l'empyreume du sage, du sel volatil, la teste morte restant au fond de la retorte. Et par ce moyen en peu de temps, sans beaucoup de frais, l'ambre seroit notablement alteré & corrigé, quoy que l'huile soit impure & fetide: que si on la distille derechef auec quelque eau mondifiante, comme l'esprit de sel dans vne retorte de verre neuue & bien nette, il se fera vne nouuelle separation, & l'huile en sortira beaucoup plus claire, les feces demeurans au fond de la retorte auec la puanteur, & l'on peut derechef par deux ou trois fois la rectifier auec de nouuel esprit de sel, tant qu'elle paruienne à la clarté de l'eau, & a vne odeur agreable pareille à celle du musc & de l'ambre.

Cette transmutation d'vne chose dure en fait vne molle liquide, & oleagineuse, laquelle toutefois peut derechef estre coagulée, & reprendre sa premiere forme, en la maniere suiuante. Prens de l'huile susdite parfaitement purifiée, adiouste y de nouuel esprit de sel, mets-la en digestion, & elle attire assez de sel pour sa coagulation, & pour acquerir la dureté de l'ambre d'vne couleur excellente & diaphane, dont demie once sera plus precieuse que des liures entieres de l'ambre noir; dont à peine dans la purification a-il resté la huictiesme ou dixiesme partie, les impuretez superfluës en estant ostées.

C'est ainsi qu'il faut proceder à la purification & correction des metaux, pourueu qu'on eust connoissance de la maniere de les purifier par la distillation, sublimation, & recoagulation. Mais tu me diras que les metaux ne peuuent pas estre purifiez par la distillation de mesme que les vegetaux. A quoy ie ne veux qu'opposer nostre premier fourneau, qui n'a pas esté inuenté pour les rustiques, mais bien pour les Chymistes qui trauaillent à la purification des metaux. Et comme le moyen de les perfectionner a esté prouué par deux exemples, ainsi on monstre qu'on les peut aussi perfectiõner par la fermentation. Car comme le ferment nouueau peut fermenter les sucs vegetables, lesquels sont purgez de leurs feces, comme il se voit dans le vin, biere & autres liqueurs, dont la perfection ne se fait que par la fermentation, sans laquelle ils ne pourroient pas durer long-temps ; comme ils font par apres durant quelques années ; pareillement si nous sçauions les fermentations propres des metaux : certes nous pourrions les purger & perfectionner, de sorte qu'ils ne seroient plus suiets à la roüille, & resisteroient au feu, & à l'eau, estant nourris & esleuez dans le feu, & dans l'eau. Aussi le monde qui perit autrefois par l'eau, doit perir par le feu, & il faut que nos corps se pourrissent, & soient clarifiez par le feu, auant que de venir deuant Dieu. Voila pour la fermentation des metaux, lesquels sont aussi purifiez & corrigez à la façon du lait exposé à la chaleur, dont la meilleure partie, qui est la cresme dont se fait le beurre, est separée en haut de la serosité du fromage : & plus le lieu est chaud, plus est hastée la separation. Il en est de mesme de celle des metaux : lesquels estant mis en vn lieu de chaleur conuenable (ie suppose qu'ils ayent esté auparauant reduits en substance de lait) sont separez d'eux-mesme sans addition d'aucune chose estrangere par succession de temps, les parties les plus nobles se separant des moins nobles, & decouurant vn grand thresor. Et comme en Hyuer faute de chaleur le lait ne se separe qu'auec difficulté, il en est de mesme des metaux, s'ils ne sont pas aidez par le feu. Cela se voit dans le fer, lequel à la longue se conuertit en or sous la terre sans l'assistance de l'art. Car on trouue souuent des mines de fer remplies de petites veines d'or tres-agreables à la veuë, lesquelles ont esté separées d'vn soulphre grossier terrestre. & immeur, par la force de la chaleur centrale. Et dans ces mines ordinairement il ne se trouue point de vitriol du tout, qui soit separé de son contraire, & perfectionné. Or il faut vn long-temps pour faire cette separation sousterraine, laquelle l'art peut faire en peu de temps, comme nous faisons le beurre durant l'Hyuer, exposant le lait à la chaleur pour en separer la cresme en peu de temps ; ce que nous auançons par la precipitation faite auec des acides mortifians le sel vrineux du lait ; & par ce moyen tous les principes sont separez chacun à part, sçauoir le beurre, le fromage, & la serosité. Ainsi en peu d'heures se peut faire la separation, laquelle autrement sans les acides ne se feroit qu'en l'espace de plusieurs sepmaines. Si cela est possible dans les vegetaux & dans les animaux, pourquoy ne le fera-il pas dans les mineraux ? pourquoy dans le fer, dans le plomb, dans le cuiure, & dans l'estain, ne se trouuera il pas de l'or & de l'argent, quoy qu'ils ne paroissent pas ? Pourquoy veut-on oster toute sorte de bonté aux metaux imparfaits, puisqu'on l'accorde aux vegetaux, & aux animaux qui ne les égalent pas en durée ? La Nature cherche tousiours la perfection de ses ouurages ; or les bas metaux sont imparfaits , pourquoy donc l'art n'aidera-t'il pas la Nature pour les perfectionner ? Mais il faut particulierement remarquer le lien des parties metalliques, lequel estant rompu, les parties sont separées. Le sel vrineux est le lien des parties qui composent le lait, lequel doit estre mortifié par l'acide, qui est son contraire, pour la separation. Or les parties du fer sont liées par le sel vitriolé, lequel doit estre mortifié par son contraire, qui est le sel vrineux ou nitreux, pour la separation. Celuy donc qui sçaura oster le sel superflu du fer, soit par la voye humide, ou par la seiche, il aura sans doute vn fer qui ne sera pas aisément suiet à la roüille. Le feu aussi a vne puissance incroyable dans la transmutation des metaux. L'acier ne se fait-il pas du fer par le moyen du feu, & le fer de l'acier par vn procedé different ? L'experience iournaliere nous apprend les diuerses transmutations & corrections par le moyen du feu. Pourquoy le Chymiste experimenté n'en fera-t'il pas autant ? qui auroit iamais cru qu'il y eut vn oyseau viuant caché dans vn œuf, & dans le grain vne herbe qui deust auoir des feüilles, des fleurs, & de l'odeur ? Pourquoy donc les metaux embryonnez qui n'ont pas encore atteint leur perfection, ne pourront ils pas l'atteindre par l'assistance de l'art ? Vne pomme verte & non encore meure, n'est-elle pas meurie par la chaleur du Soleil ? C'est à quoy des esprits curieux ayant pris garde, ils ont imité la Nature, & trouué que certains metaux qui n'estoient pas encore destruits par la violence du feu, sont deuenus plus riches &

plus

plus precieux par vne douce chaleur ; de sorte qu'estant fondus apres la digestion, ils ont donné le poids double d'or & d'argent. Moy mesme i'ay veu vne mine de plomb commune mise en digestion par la maniere susdite, laquelle n'en deuint pas seulement plus riche en argent; mais encore il se trouua qu'elle contenoit de l'or, qu'auparauant on ne luy auoit point trouué dans l'examen ordinaire. Et ce trauail peut estre fait mesme en grande quantité, ce qui apporteroit indubitablement beaucoup de profit à ceux qui possedent des mines de plomb. Or sçache que toute mine de plomb ne deuient pas riche d'or par ce moyen, mais que l'experience nous fait voir, qu'elle est tousiours riche d'argent.

Il y a mille autres secrets qui paroissent incroyables aux ignorans; Que si nous estions plus curieux à feüilleter le Liure de la Nature que Dieu mesme a escrit de sa main propre dans les pages des 4. Elemens, nous descouuririons beaucoup d'autres merueilles : mais les arts & les richesses ne s'acquierent pas par l'oisiueté : au contraire, par le trauail & par l'industrie. C'est pourquoy prie & trauaille. Les metaux se perfectionnent aussi par le moyen de la graduation semblable au germe. Car il est euident qu'vn greffe d'vn bon arbre mis sur vn sauuageon, fait qu'il porte en suite des fruits non sauuages, mais excellents, conuenables à l'espece de l'arbre dont le greffe a esté pris. Comme l'on voit dans le fer qui a esté dissout dans vn esprit acide, fermenté par

Venus, & transmué en cuiure. Et par ce moyen ecuiure seroit transmuable en argent, l'argent en or, si l'on connoissoit bien la maniere d'approprier la fermentation; de mesme que la chaleur naturelle change dans l'estomac la nourriture par la digestion, faisant dans celuy d'vn cheual ou d'vn bœuf de la chair, de l'herbe qu'ils ont mangée.

Les meilleures parties peuuent aussi estre separées des plus viles par la vertu attractiue des semblables, comme il se voit dans vn metal abondant en soulphre, auquel si on adiouste du fer dans la fonte, le soulphre quitte son metal, qui est rendu plus pur par ce moyen, & s'associe auec le fer, auec lequel il a vne plus grande affinité, & familiarité qu'auec son propre metal. Pour exemple, si on adiouste du fer dans le flux d'vne mine de plomb abondant en soulphre, le metal fondu est rendu malleable, lequel autrement fust sorti de la mine, noir & friable. Et si nous auions encore connoissance de quelqu'autre chose pour adiouster à la fonte des metaux malleables, pour en oster le soulphre superflu, immeur & combustible, sans doute on les rendroit encore plus. Faute de cette connoissance les metaux demeurent dans leur impureté naturelle. Et certes Dieu a bien fait de nous la cacher, comme il a tousiours bien fait dans le reste de ses œuures. Car si les auares en sçauoient le secret, ils achetéroient tout le plomb, estain, cuiure & fer pour en separer l'or & l'argent, tellement que les pauures gens rustiques à peine trouueroient-ils des instrumens metalliques qui leur sont necessaires. Ainsi Dieu n'a pas voulu que tous les metaux fussent changez en or.

Aprez auoir donné la similitude d'oster le soulphre superflu de certains metaux dans la fonte, pour conseruer les parties les plus pures; aussi on donne vne autre maniere de separer les parties pures d'auec les impures, par la force attractiue des semblables, les parties impures & heterogenes estant reiettees. Ce qui peut estre demonstré, tant par la voye humide, que par la voye seiche. Exemple de la voye humide.

Si on adiouste du mercure vif à de l'or ou à de l'argent impur, dissout dans son propre menstruë, ce mercure attire à soy l'or & l'argent inuisible meslé dans l'impureté, & s'associe celuy qui est le plus pur. Cette separation se fait fort promptement. Le mercure en fait de mesme dans la voye seiche : lors qu'vne terre contenant de l'or ou de l'argent est humectée par vne eau acide, & sont broyez ensemble, tant que le mercure ait attiré la meilleure partie. Ce qui estant fait, il faut lauer auec eau commune la terre morte qui reste, & aprés auoir seiché le mercure, le separer de l'or & de l'argent qu'il auoit attirez en le passant au trauers d'vn cuir. Or le mercure n'attire de la terre pour vne fois qu'vn metal, voire le meilleur, lequel estant separé, il en attire vn autre la seconde fois. Pour exemple. S'il y auoit dans vne terre de l'or, de l'argent, du cuiure, & du fer cachez; le Mercure attireroit l'or, la premiere fois; la seconde, l'argent, le cuiure & le fer difficilement, à cause des impuretez; l'estain & le plomb facilement. Mais l'or plus facilement que tous les autres, à cause que l'or par sa pureté, est tres-semblable au mercure.

Autre demonstration par la voye seiche.

MEts vne coupelle sous la tuile auec du plomb, auquel adiouste vn grain de tres-pur or, pesé exactement, fay fulminer l'or dans la coupelle, & le plomb entrera dans la coupelle, laissant l'or pasle dans la coupelle, la cause de cette couleur pasle n'estant autre que le meslange de l'argent attiré du plomb par l'or. Mais tu me diras, que tu sçais bien que l'or fulminé auec le plomb, est rendu plus pasle & plus pesant, à cause de l'argent qui estoit dans le plomb, & qui a esté laissé auec l'or dans l'examen, augmentant son poids, & le faisant paslir. Mais ie responds, qu'encore que le plomb laisse quelque peu d'argent dans l'examen à la coupelle, se meslant auec l'or qui luy a esté adiousté, augmentant le poids de l'or, & alterant sa couleur, il se prouue toutesfois par le poids, que le plomb meslé auec l'or en laisse plus que sans l'or. Par là on voit donc que l'or attire des autres metaux son semblable, qui augmente son poids. L'or fait aussi ce mesme effect dans la voye humide : car s'il est dissout dans vn menstruë conuenable, auec le cuiure, & mis en digestion, il attire l'or separé du cuiure. Lequel trauail, quoy qu'il ne se fasse pas auec profit, neantmoins marque la possibilité. Mais si on connoissoit vn menstruë qui augmentast la force attractiue de l'or, & diminuast la retentrice du cuiure, sans doute on en pourroit attendre quelque profit ; & certes dauantage, si l'or & le cuiure estoient fondus ensemble auec vn menstruë mineral sec ; par laquelle maniere le poids de l'or seroit augmenté selon Paracelse disant, que les metaux estant fondus ensemble à feu violent continué quelque temps, les imparfaits s'esuanoüissent, & les parfaits demeurent en leur place.

Ce trauail estant deuëment fait, n'est pas sans profit. Car i'aduouë ingenuëment, que i'ay quelquefois essayé de vouloir rendre la Lune compacte par le moyen de Mars, & dans cette rencontre l'or m'a donné par le moyen de Mars vn accroissement considerable de bon or, au lieu de la Lune fixe que ie cherchois. De cette maniere il arriue souuent aux Artistes quelque chose d'inopiné, lors qu'il n'examinera pas bien la chose. C'est pourquoy trauaillant sur les metaux, prends bien garde quand tu trouueras quelque augmentation, pour en rechercher l'origine. Car plusieurs s'imaginent trauaillans long-temps sur la Lune, & sur Mars auec la pierre sanguine, l'aimant, l'emery, la pierre calamine, le talc rouge, les grenats, l'antimoine, l'orpiment, le soulphre, les pierres à feu, &c. qui contiennent de l'or meur, & immeur, volatil, & fixe, trouuãs de bon or dans l'examen ; que cet or a esté fait par le moyen de la Lune & des mineraux susdits. Ce qui est faux. Car la Lune a attiré de ces mineraux l'or volatil qui y estoit caché. Ie ne veux pas neantmoins nier la possibilité de la transmutation de la Lune, comme estant intrinsequement tres semblable à l'or ; mais non pas par le moyen du ciment auec les mineraux susdits, d'autant que cet or ne prouient point de la Lune, mais des mineraux, desquels il est attiré par la Lune. Ce trauail est comparé à la semence iettée dans vne bonne terre, dans laquelle pourrissant, elle attire son semblable par sa propre force, dont il multiplie au centuple. Or dans cette operation, il faut humecter la terre metallique d'eaux metalliques appropriees, ce qui s'appelle inceration. Autrement la terre seroit sterile. Il faut que ces eaux soient amies de la terre, afin qu'estant vnies, elles composent vne certaine graisse. Comme il se voit dans vne terre seiche, & sablonneuse, estant arrousée de la pluye, laquelle ne peut pas produire des fruicts conuenables à la semence, d'autant que la chaleur du Soleil consume le peu d'humeur qu'elle a & brusle la semence : mais si on y mesle du fumier, elle retient l'humidité, en telle sorte qu'elle n'est pas si aisément consumée par la chaleur du Soleil. Par la mesme raison, il faut aussi que ta terre & ton eau soient vnies, de peur que ta semence soit bruslee. Si ce trauail est bien executé il ne sera pas inutile, ayant besoin d'vne extreme diligence pour entretenir la terre de la chaleur, & de l'humeur necessaires. Car par la trop grande humidité la terre est submergee, & si elle en manque, l'augmentation est empeschee. Cette operation est vne des meilleures par lesquelles ie tire l'or & l'argent des metaux les plus vils, estant necessaire d'auoir des vaisseaux qui retiennent la semence auec la terre & l'eau dans vne chaleur conuenable. Ie ne doute point que ce trauail ne se puisse faire en grande quantité, croyant fermement que les metaux imparfaits, & particulierement le Saturne, peuuent estre meuris en or, & en argent, & mesme en vne bonne Medecine. Le Chymiste doit se seruir prudemment de ce don de Dieu qui luy est vn grand soulagement. Dieu ne veut pas que tous ses dons soient communs : car il m'est arriué qu'ayant inuenté quelque chose de rare, & le voulant communiquer à vn de mes amis, non seulement ie ne luy pus iamais enseigner, mais encore, ie ne l'ay pu depuis executer, pour moy-mesme. C'est pourquoy ce n'est pas sans raison que les autres sont si circonspects à escrire des choses hautes, d'autant qu'il y en a plusieurs qui taschent d'attraper les secrets par toutes sortes de voyes. Il est donc plus seur de se taire, & d'obliger le monde à chercher & experimenter les peines & les frais qui sont necessaires pour les choses hautes & difficiles. Cela est cause que ie prie tous les hommes de quelque condition qu'ils soient, de ne me plus accabler de demandes, comme si i'estois possesseur de montagnes d'or. Ie n'ay iamais fait d'essay en grande quantité, & i'ay seulement voulu chercher la verité & monstrer la possibilité. Vn autre pourra faire l'essay en grande quantité en ayant l'occasion fauorable. Pour moy qui ne l'ay pas, i'attens le secours diuin pour recueillir le fruict de mes trauaux.

Les metaux sont aussi alterez par vne autre voye, à sçauoir par le moyen d'vn esprit teignant & metallique, comme il se voit en l'or fulminant estant par diuerses fois allumé sur vne lame de metal nette & polie, luy imprimant sans l'endommager vne teinture d'or tres-profondement, en sorte qu'vne aiguille en peut faire l'espreuue. Il en arriue le mesme dans la voye humide, lors que les metaux en lames estans mis sur vn esprit graduatoire fait de nitre, & de certains mineraux, & estant penetrez par ledit esprit, acquierent vne autre espece qui luy est conuenable. Que si quelqu'vn doute de la graduation metallique faite auec l'or fulminant, il en sera asseuré en allumant souuent l'or fulminant recent sur vne mesme lame, car il verra que ce n'est pas vne apparence de metal doré exterieurement, mais teint & perfectionné profondement. D'où on voit clairement l'action & la passion mutuelle des metaux subtilisez; car la puissance des esprits est grande & incroyable à celuy qui n'est pas experimenté. Cette graduation des metaux inferieurs n'est pas seulement confirmee par les Philosophes anciens & modernes, mais encore par les mineurs qui sçauent par experience, que les vapeurs minerales transforment les metaux vils & imparfaits en meilleurs, tesmoin Lazare Ercker, qui asseure que dans les eaux vertes salées le fer se change en cuiure naturel & bō; & qu'il a veu vne fosse, dans laquelle les cloux de fer, & autres choses qu'on y iettoit, se conuertissoient en bon cuiure par la penetration de l'esprit du cuiure. Ie confesse que les solutions metalliques precipitées sur les lames de certains metaux s'attachent à elles, & leur donnent la teinture de l'or & de l'argent, ou du cuiure. Car il est manifeste que le fer ietté dans de l'eau vitriolaire, ne se change pas en cuiure, mais attire le cuiure de l'eau; dequoy nous ne traitons pas icy, asseurant la possibilité de la transmutation metallique par l'esprit teignant & penetrant. Et partant i'asseure derechef, que les esprits metalliques ont vne grande vertu. N'est il pas vray que les Prouinces entieres sont quelquefois destruites par l'inondation qui emporte les Villes entieres? L'air ne peut il pas aussi faire d'estranges rauages, lors qu'estant enclos dās la terre, il excite des tremblemens à quelques milles à l'entour, emportant les Villes & les montagnes auec la ruine d'vne infinité d'hommes, ce qui se fait naturellement? Le vent qui est artificiellement excité par le nitre, fait bien d'autres effects. Quoy que les elemens corporels ayent vne si grande puissance, ils ne sçauroient toutefois penetrer les metaux sans lezion, non plus que les pierres

& le verre qui sont facilement penetrez par le feu, dont la force est ouuerte & non cachee. Pourquoy donc aussi les metaux compacts ne seront-ils pas penetrez par vn esprit metallique par le secours du feu, & transformez en vne autre espece, comme il a esté dit de l'or fulminant, & de l'eau graduatoire? C'est pourquoy il ne faut pas douter de la vertu de l'esprit teignant & transmuant les metaux imparfaits en plus nobles & plus precieux.

Les metaux peuuent aussi estre purifiez par le mesme moyen que le tartre, le vitriol, & les autres sels, sçauoir par le moyen d'vne eau copieuse. Car il est constant que le vitriol est purgé par le meslange du fer & du cuiure, apres qu'il a esté dissout dans vne grande quantité d'eau, & apres coagulé, tellement qu'il deuient blanc comme l'alun : laquelle purification n'est que la separation du metal d'auec le sel, faite par la quantité d'eau qui debilite le sel, tellement qu'il ne peut plus retenir le metal meslé, lequel est precipité comme vne chose limonneuse, laquelle n'est pas inutile, estant la principale partie du vitriol, d'où vient la verdeur, le cuiure, le fer & le soulphre. Et comme par la separation les metaux qui sont plus parfaits que les sels, sont tirez des sels du vitriol, il en faut dire autant des metaux, lors que la partie plus noble est separee par la precipitation. Quant au tartre, il est vray qu'il est purifié par l'addition de quantité d'eau, mais sa principale partie n'est pas precipitee comme dans le vitriol, au contraire, c'est la partie la plus vile par sa noirceur & par ses feces. Remarque cet exemple. Le tartre commun est rendu tres pur, & tres-blanc par vne frequente solution faite auec suffisante quantité d'eau, & par la coagulation, d'autant qu'en chaque solution faite auec eau claire & nette, il deuient tousiours plus pur : & par ce moyen non seulement le tartre blanc, mais le rouge & feculent est reduit en crystaux transparents, & mesme fort promptement par le moyen de certaine precipitation, sa limosité n'estant qu'vne chose insipide, morte, inefficace, meslée auec le tartre dans la coagulation faite dans les tonneaux ; puis separée derechef par la force de la solution.

Ces exemples des deux sels, du vitriol & du tartre ne sont pas icy rapportez sans cause, pource qu'ils monstrent la difference de la precipitation : car en certains metaux la partie la plus vile est separée par la precipitation ; en d'autres la partie la plus noble, selon la predomination de l'vne ou de l'autre partie.

Dans le vitriol sa partie la plus noble (le cuiure & le fer) est sa plus petite portion, laquelle est precipitée & separée par sa partie la plus vile & la plus copieuse, qui est le sel. Dans le tartre sa partie la plus vile & la plus petite est precipitée & separée par la partie la plus grande & la plus noble estant clarifiee. Il en arriue de mesme dans les metaux. Et partant chacun doit bien considerer en faisant sa separation, laquelle partie du metal, la plus noble ou la plus vile doit estre precipitée. Sans quoy personne ne se doit mesler de ce trauail : que l'artiste aussi qui attend quelque vtilité se donne bien garde des eaux corrosiues, comme eau forte, eau regale, esprit de sel, de vitriol, d'alun, de vinaigre, &c. dans la solution, d'autant que les choses susdites gastent & destruisent tout : adioustant foy à ces paroles. Des metaux, par les metaux, & auec les metaux, les metaux sont perfectionnez. Ils le sont aussi par le nitre qui brusle le soulphre superflu combustible.

Toutes les susdites perfections des metaux sont particulieres, car toute Medecine tant humaine que metallique, purge, separe & perfectionne en ostant le superflu. Mais la Medecine vniuerselle opere ses perfections & meliorations par la fortification & multiplication de l'humide radical, tant animal que metallique, lequel chasse apres son ennemy par sa force naturelle. Mais tu me diras, tu nous proposes de beaux exemples, & non la maniere d'operer. Ie respons, que ie t'ay enseigné plus que tu ne penses. Car ie suis asseuré qu'apres ma mort mes Liures seront plus estimez, par lesquels on verra que ie n'ay point cherché vne vaine gloire : mais l'vtilité de mon prochain autant que i'ay peu. Mais ne t'imagines pas d'abuser de ma facilité, & que ie veüille m'attirer de la peine & de l'importunité. Car ie ne peux pas satisfaire aux demandes, ny respondre aux lettres de chacun, ny enrichir tout le monde. Car quoy que i'aye acquis beaucoup de connoissance, par la grace de Dieu, & que

I'aye experimenté la verité dans vne petite quantité, ie n'en suis pas venu à l'essay dans vne grande pour acquerir des richesses, m'estant contenté de la benediction diuine.

Cela suffira touchant les particulieres meliorations des metaux, selon mon experience. Quant à cette Medecine vniuerselle dont on a tant parlé, ie n'en puis iuger comme d'vne chose connuë, mais i'en soustiens seulement la possibilité à raison de ces particulieres transmutations des metaux. Il se faut contenter de la science que Dieu nous donne, & quelquefois il vaut mieux sçauoir peu, que d'estre orgueilleux, & ressembler au Diable qui est l'autheur de la superbe.

De la pierre Philosophale.

LA Medecine vniuerselle portant les hommes & les metaux en vn haut degré de perfection, & sa possibilité, n'a pas seulement esté creuë depuis beaucoup de Siecles par plusieurs fameux, mais aussi elle a esté prouuee par beaucoup de personnages, Iuifs, Payens, & Chrestiens, surquoy on a escrit vn grand nombre de Liures en diuers langages faux & veritables; & il n'est pas besoin d'y rien adiouster du mien; veu que ie suis tout à fait ignorant, quoy que i'aye oüy dire quelquefois qu'en diuers endroits les metaux vils & abiects ont esté changez en pur or, particulierement le plomb, ayant esté preparé par vne Medecine artificielle: neantmoins i'ay laissé cette sorte de discours en sa valeur, resolu de n'entreprendre iamais vn tel trauail, estant instruit par l'exemple des autres hommes, tant de haute que de basse qualité, doctes & ignorans, perdant leur temps & leurs biens en cet art; mais ie suis plustost persuadé, qu'vne telle Medecine vniuerselle ne peut estre trouuée dans le Monde. Quoy que i'aye veu beaucoup de choses en mes trauaux qui m'y oblige, neantmoins ie n'ay iamais osé entreprendre ce trauail, manquant d'opportunité & de lieu; iusqu'à ce qu'à la fin vne croyance de la possibilité est venuë entre mes mains, cherchant quelque autre chose de petite valeur. Car i'ay beaucoup despensé & trauaillé par plusieurs années pour extraire la teinture du sel de l'or, pour en faire vne Medecine, ce que i'ay à la fin obtenu, là où i'ay obserué, que ce qui reste de l'or, apres que l'ame ou meilleure partie est extraite, n'est plus or, & ne resiste plus au feu. Dequoy ie coniecture, que si vne telle extraction estoit derechef fixee, elle perfectionneroit les metaux imparfaits, & les changeroit en pur or. Mais ie n'ay pas aussi peu faire l'essay de la verité des opinions que i'auois conceuës, demeurant à present dans vn pays estranger; c'est pourquoy contre ma volonté, quelque auide que ie fusse de nouueauté, i'ay esté forcé de m'abstenir du trauail. Et dans le mesme temps considerant les opinions des Philosophes concernant leur or, non le vulgaire, pour preparer auec iceluy la Medecine vniuerselle. I'ay derechef versé vn certain vinaigre philoſophal ſur le cuiure pour en extraire la teinture; où preſque tout le cuiure eſt deuenu vne terre blanchaſtre ſeparée de ſa teinture en digeſtion, laquelle terre il m'a eſté impoſſible de reduire derechef en corps metallique par aucune voye.

Cette experience m'a derechef confirmé la poſſibilité de cette Medecine. Et quoy que ie n'aye iamais ſuiui ce trauail, neantmoins ie ne doute point que ce ne ſoit vne veritable Medecine humaine, quoy que non metallique, qui peut eſtre faite par vn diligent Artiſte. L'ame donc auec tous les attributs metalliques conſiſtent en vne ſi petite quantité, qu'elle eſt à peine la centieſme partie du poids, laquelle eſtant extraite & ſeparée le corps qui reſte n'eſt plus metal, mais vne terre morte; il n'y a point de doute qu'eſtant fixée derechef, elle peut perfectionner d'autres corps metalliques. C'eſt pourquoy ie ſuis abſolument perſuadé par les raiſons ſuſdites, que cette Medecine peut eſtre faite auec des choſes minerales & metalliques dans la fonte, chãgeant les metaux imparfaits en parfaits. Mais ne penſe pas que i'eſcriue ces choſes pour faire croire que l'or ou le cuiure ſoient la matiere de cette Medecine, ce que ie ne dis pas, connoiſſant bien qu'il y a d'autres ſuiets aiſez à trouuer qui abondent en teintures.

Quoy que cette Medecine ſoit rare & difficile à obtenir, neantmoins l'art & la Nature n'en doiuent pas eſtre blaſmez: mais au contraire, nous qui ſommes connoiteux, orgueilleux & impies : car l'homme meschant n'est pas digne de cet art, ny ceux qui mesprisent Dieu & sa parole, ny les enuieux du bien de leur prochain. Tu dis, cecy est le trauail de la Nature & de l'art, c'est pourquoy nous ne le deuons pas attribuer à nostre vie, ayant esté donné aux Payens, lesquels n'estoient pas à comparer à nous pour la pieté comme n'ayant pas la veritable connoissance de Dieu. C'est pourquoy ma vie (quoy qu'impie) ne me peut empescher : d'autant que cet art consiste en la connoissance des choses naturelles. Ie réponds, ô petit compagnon ! tu és entierement trompé ; penses tu que les Philosophes Payens ne conneussent point le vray Dieu, ils auoient plus de connoissance de Dieu que tu n'as ; car quoy que Christ ne leur fut pas presché, neantmoins ils l'ont connu par la Nature ; & selon l'ordre de cette connoissance, ils ont gouuerné leurs vies, obtenans ce don de Dieu, afin qu'ils ne l'employassent pas à vn mauuais vsage, mais au profit de leur prochain. Et toy qui te persuades de surpasser ton prochain en science, voyant le festu qu'il a dans l'œil, & non la poutre qui est dans le tien, qui employant ta vie en prodigalité, superbe, enuie, mesdisance, & autres plaisirs nuisibles & mauuais, penses tu en toy-mesme d'estre caché à l'œil de Dieu, de sorte qu'il ne puisse t'attraper ? Certes vne si grande chose n'est pas donnée de Dieu aux enuieux, superbes, & faux Chrestiens. C'est pourquoy chacun se doit particulierement examiner soy-mesme auparauant que d'entre-

prendre

prendre vn tel trauail, & voir s'il vient auec les mains nettes ou sales: car il est tres certain & veritable, que iamais vn homme de mauuaise conscience n'obtiendra ce don, lequel est de Dieu seul, & non de l'homme.

Ainsi tu as entendu mon opinion de la Medecine vniuerselle, auec mes experiences sur l'or, cuiure, & autres metaux & mineraux, ce que ie ne presche pas pour Euangile, d'autant que c'est vne chose humaine d'errer.

C'est pourquoy il n'y peut auoir aucune asseurance, auparauant la fin, accomplissement, & perfection: esprouuer mesme vne ou deux fois pour vne asseurance certaine. Car il est bon d'esprouuer souuent vne excellente voye qui a desia esté trouuée, ce qui est sans doute arriué aussi bien à d'autres qu'à moy. Il ne faut pas donc triompher auant la victoire, veu les empeschemens qui rendent nostre esperance vaine: mais au contraire, Dieu doit estre inuoqué en nos labeurs, afin qu'il luy plaise de les benir, afin que nous vsions bien de ses dons en cette vie, comme bons mesnagers, pour apres receuoir la recompense de nos trauaux, veilles & soins, principalement le salut eternel par sa pure misericorde.

Sçauoir si les mineraux, comme Antimoine, Arsenic, Orpiment, Cobolt, Zein, Soulphre, &c. peuuent estre transmuez en metaux, & en quels.

IL y a desia long-temps qu'on dispute parmy les Chymistes, sçauoir si les susdits mineraux procedent des mesmes principes que les metaux, & s'ils doiuent estre comptez pour metaux : dans laquelle controuerse ils ne se sont pas accordez encore iusqu'à ce iourd huy, car lors que l'vn approuue cecy, vn autre le desnie, de sorte qu'vne personne qui estudie en la Chymie, ne sçait de quel costé se tourner.

Or cette connoissance n'estant pas de petite importance, concernant la purification des metaux. Ie veux aussi mettre mon opinion fondee sur l'experience, pour la satisfaction de ceux qui doutent. La simplicité de ces gens là est grande, lesquels ne veulent pas que le commencemẽt des metaux & des mineraux soit vne mesme chose, disant que si les mineraux sont changez en metaux par la Nature, certainement il y a long-temps que cela seroit fait : mais iamais cela n'a esté, comme l'experience le tesmoigne : car les mineraux durables & permanents ne sont iamais changez en metaux. Ie responds, que les metaux croissent d'vne façon, & les vegetaux d'vne autre, estant promptement nez, & derechef promptement morts.

Il n'est pas le mesme des metaux, car toutes choses qui durent long-temps ont vne longue digestion, selon le dire. Ce qui est promptement fait, est promptement finy. Cecy doit estre entendu non seulement des vegetaux & des mineraux, mais aussi des animaux, comme il appert par la naissance de certains vegetaux, qui viennent en l'espace de six mois en leur perfection, & perissent aussi promptement : & où ceux qui requierent vn plus long-temps de digestion & perfection sont de plus longue durée. Vn champignon qui croist en l'espace d'vne ou deux nuits, d'vn bois pourry, finit aussi promptement. Mais non pas les chesnes, les bœufs, & cheuaux qui viennent en l'espace de deux ou trois ans à leur perfection, viuent rarement plus de vingt ou vingt-quatre ans. Mais à l'homme il est requis vingt-quatre ans pour sa perfection, il vit soixante, quatre-vingt ou cent ans. De sorte que nous deuons conceuoir le mesme des metaux ausquels est requis beaucoup d'aages : comme aussi vn long-temps pour leur digestion & perfection. C'est pourquoy comme les metaux doiuent auoir vn fort long-temps pour leur digestion & pour leur perfection : il n'est pas octroyé à l'homme de pouuoir voir leur commencement & leur fin, la transplantation des mineraux en metaux par la Nature ne peut estre niée, particulierement à cause que dans la mine des metaux, principalement des imparfaits, on y trouue aussi les mineraux : c'est pourquoy quãd les mineurs des mineraux en trouuent, ils ont bonne esperance de trouuer des metaux, lesquels s'ils appellent couuertures, car rarement trouue t'on des metaux sans mineraux, ou des mineraux sans metaux : & mesme on ne trouue iamais de mineraux sans or, ou argent; c'est pourquoy les mineraux sont proprement appellez *embrions des metaux*, à cause que par le moyen de l'art & du feu, on en tire vne bonne partie d'or & d'argent par la fusion. Que s'ils ne sortoient pas d'vne mesme racine metallique, d'où viendroit cet or, & cet argent ? car d'vn bœuf il n'en prouient pas vn enfant, ny d'vn homme vn veau, & tousiours le semblable produit son semblable.

Les mineraux donc ne sont comptez que pour des fruits verts & non meurs, eu esgard aux metaux, n'ayant obtenu leur maturité & perfection ny la separation de leur terre soulphreuse : car comme quoy par le moyen de la chaleur pourroit sortir vn oyseau d'vn œuf, s'il n'estoit predestiné pour la generation de l'oyseau : nous deuons entendre de mesme des mineraux, lesquels s'ils estoient priuez de la Nature metallique, comment les metaux en seroient-ils produits par le moyen du feu ? Mais tu dis que tu n'as iamais veu que les metaux parfaits ayent esté produits des imparfaits, c'est pourquoy il n'est pas vray semblable, & tu n'en crois rien. A quoy ie responds, qu'il y a encore beaucoup de choses cachees à plusieurs qui les nient, desniant malicieusement & follement. Car l'experience iournaliere nous tesmoigne, que les metaux & mineraux vils & abiets, en leur ostant leur soulphre superflu (de quelle façon que cela se fasse) obtiennent vn plus grand degré de perfection : pourquoy donc ton cœur ne croist-il pas, & ta langue ne dit-elle pas ce que tu vois de tes yeux ? Car l'experience nous monstre qu'on peut tirer de bon or & de bon argent par le moyen de l'art, presque de tous les metaux & mineraux, neantmoins plus des vns que des autres, & plus facilement : d'autant qu'il n'y a point de nuit si obscure qui soit entierement priuee de clarté, qui ne puisse estre manifeste par vn miroir concaue, & il n'y a point d'element (pour si pur qu'il puisse estre) qui ne soit meslé auec les autres elemens, ny aucune malignité qu'il n'y ait quelque chose de bon, & ainsi au contraire. Et comme il est possible d'assembler les rayons du Soleil qui sont en l'air, de mesme les rayons parfaits metalliques qui sont dispersez dans les imparfaits & dans les mineraux, peuuent estre assemblez par le feu, & par vn bon artiste : s'ils sont vne fois placez au feu auec leurs propres dissoluants par où les parties homogenes sont assemblees, & les heterogenes separees. De sorte qu'il n'est pas necessaire d'aller aux Indes pour chercher de l'or & de l'argent dans ces nouuelles Isles, le pouuant trouuer en abondance icy, en Allemagne, s'il plaist à Dieu de destourner ces cruelles playes, & les tirer hors des vieux metaux, plomb, fer, estain, & cuiure, laissez-là par ceux qui trauaillent en mineraux, sans cultiuer les metaux. Que personne donc ne s'estime luy mesme pauure, à cause que celuy là seul est en disette & pauureté (quoy qu'autrement fort riche & abondant en biens, qu'en vn moment il est forcé de quitter) lequel est ingrat, & ne reconnoist point Dieu en son trauail.

Ie te prie, qu'est-ce qui est en moindre estime dans le monde que le vieux fer, & plomb? desquels les Sages ont voulu se seruir à lauer le cuiure, & l'estain auec le mineral blanc. Mais comme il est difficile de sçauoir dequoy ils doiuent estre lauez, celuy qui n'est point experimenté au feu, ne le comprend pas, & il sera monstré par similitude; Tu vois l'Antimoine nouuellement tiré de la terre qui est fort noir & impur; lequel par la fonte se separe des superfluitez (quoy que la Nature ne les luy ait pas données en vain, mais comme vne assistance pour sa purification, selon qu'il est dit: Dieu & la Nature ne font rien en vain) est rendu plus pur & doüé d'vn corps plus proche des metaux, que son mineral, lequel estant apres ietté auec le sel de tartre: le soulphre crud & combustible est mortifié par là, & reduit en scorie, & separé de la pure partie mercuriale, de sorte qu'il s'est fait par là vne nouuelle separation, la partie blanche & cassante tombe au fond, & l'autre plus legere, auec le soulphre combustible, est au dessus auec le sel de tartre; lesquels estant versez dans le cornet, & refroidis peuuent estre separez auec le marteau; la partie inferieure est appellée par les Chymistes, Regule, lequel est plus pur que l'antimoine qui a esté premierement tiré de sa mine,& c'est icy la façon ordinaire des Chymistes pour le purger, auquel (Regule) si apres on y mettoit quelqu'autre chose , pour vne troisiesme purification, sans doute il ne seroit pas seulement rendu plus pur, mais plus fixe & plus malleable ; Car si le regule blanc,peut estre separé de l'antimoine noir,pourquoy non aussi vn metal malleable du regule ?

Vne autre voye pour separer le soulphre superflu antimonial.

℞. ANtimoine en poudre vne partie, salpestre la moitié autant, mesle les ensemble, & allume le meslange auec vn charbon ardent, & ce soulphre antimonial se bruslera auec le nitre : laissant vne masse obscure de couleur brune , laquelle tu fondras l'espace d'vne heure dans vn fort creuset à feu violent, & tu auras vn antimoine semblable à celuy qui a esté fait auec le sel de tartre , mais en plus petite quantité. De mesme aussi les parties des animaux sont separées ; si on mesle l'antimoine,le tartre & le nitre,par esgal poids, & estant meslez , on les allume & les fond. Il se fait aussi vne autre separation des parties antimoniales. Quand on met vne partie de pointes de cloux dans vn fort creuset , dans vn four à vent, sur lequel estant bien rouge,iette deux parties d'antimoine en poudre , pour les fondre,& le soulphre combustible superflu oubliera l'antimoine , & se ioindra au fer en vn metal qui luy est plus amiable que les soulphreux, auec lequel estant meslé, il oublie son propre pur mercure & soulphre ou regule, qui est presque la moitié de l'antimoine.

Ces quatre voyes par lesquelles le soulphre superflu & combustible sont separez de l'antimoine, sont tres-communes, & ie ne les ay pas mises icy comme des secrets : mais par demonstration, afin qu'il paroisse comme quoy les mineraux soulphreux peuuent estre perfectionnez & purifiez ; quoy que la correction soit petite, neantmoins elle monstre vne meilleure voye, non seulement pour l'antimoine, mais aussi pour l'arsenic, & l'orpiment, quoy que ces deux ne peuuent estre faits comme cela auec le fer, salpestre, & tartre, à cause de leur volatilité, mais auec huile ou autre chose grasse, dans vn creuset bien clos, ils donnent vn Regule semblable à celuy de l'antimoine, & ces regules rendent l'estain dur & sonnant, & ils seront compactes, si tu en mets vne once sur vne liure, lors qu'il est en fonte, pour faire de belle vaisselle, & à l'espreuue ils donnent de bon or.

Et comme il est dit de purger l'antimoine, tu dois entendre le mesme du reste, comme bismuth, zein, pierre calamine, plomb, estain, fer & cuiure, pour estre purgez de leurs soulphres superflus. Si tu en veux extraire des metaux plus parfaits, or & argent auec profit. Et comme cela ie mets fin aux lauemens metalliques, recommandant aux Chymistes le nitre, tartre, cailloux & plomb : car ceux qui sçauent comme il s'en faut seruir, ne perdront pas leur labeur en la Chymie : mais cela est estonnant, qu'on ne trouue pas par tout de bonne terre & fixe au feu, qui puisse retenir le plomb & les sels : car sans nostre vieux Saturne peu de chose, ou point du tout, peut estre fait en l'affinage des metaux ; c'est pourquoy celuy qui veut essayer quelque chose en cet art, qu'il cherche de la meilleure terre qui retienne en fonte le plomb l'espace de vingt-quatre heures : apres qu'il consulte auec l'estain, & ce que Vulcan a à faire auec le fer, lequel luy dira ce qu'il faut souffrir, auparauant que d'obtenir la couronne.

De la teinture de l'or & de l'antimoine.

QVelquefois il arriue vne alteration au corps de l'homme par l'attraction des vapeurs minerales (ce qui ne peut arriuer par mon fourneau) dans les essais. C'est pourquoy ie veux icy descrire vne certaine Medecine à la consideration des Artistes, seruant aussi bien pour preseruatif, que pour guerir, principalement vn ruby clair, fixe, & soluble de l'or & de l'antimoine. Prens demie once de pur or, & le dissous en eau royale, precipite la solution auec la liqueur des cailloux, comme a esté dit en la seconde Partie, edulcore & seiche la chaux, & elle sera preparee. Prens du regule de Mars (duquel est parlé vn peu deuant) mets le en poudre, auec lequel tu mesleras trois parties de pur nitre : mets le meslange dans vn fort creuset entre les charbons ardens, donnant le feu par degrez : ce fait, donne grand feu de fonte, car alors la masse sera de couleur de pourpre, laquelle laisseras refroidir, en le tirant hors, puis la mettras en fine poudre, de laquelle en prendras trois ou quatre parties, & les mesleras auec vne partie de la susdite chaux d'or, mets-les dans vn fort creuset bien couuert dans le susdit four à vent, & fais que la masse fonde ensemble comme vn metal, & ce nitre antimonial prendra dans la fonte, & dissoudra l'or ou la chaux d'or, & s'en fera vne masse de couleur d'ametiste, laquelle laisseras dans le feu si long-temps, qu'elle deuienne de la clarté d'vn ruby, lequel tu peux essayer auec vn fil de fer bien net que tu mettras dedans. Mais si dans ce mesme temps la masse estoit priuee de sa fusibilité, & deuenoit espaisse, il est necessaire d'y ietter du tartre & du nitre pour auancer la fusion, & faire cela si souuent qu'il sera necessaire. Sur la fin lors que la masse sera à cette grande rougeur de ruby, verses-la toute chaude dans vn mortier de cuiure bien net, & la laisse-là tant qu'elle soit froide, & elle sera en couleur semblable à vn ruby oriental; alors broye-la en poudre toute chaude, autrement si elle prenoit l'air, elle se dissoudroit : puis en extraits la teinture par l'infusion de l'esprit de vin dans vne bouteille, & l'or & l'antimoine ensemble resteront fort blancs, semblables à vn beau talc, lesquels laueras auec eau nette dans vn verre, edulcoreras, seicheras, & fondras à feu violent, & ils donneront vn verre vert, dans lequel l'or ne se monstre & n'appa-roit point, neantmoins il peut estre separé par la precipitation auec la limaille de mars & de cuiure, par le moyen desquels il recouure son ancienne couleur, mais sans profit, l'esprit teint doit estre extrait hors de la teinture, laquelle est vn souuerain remede, ou medecine en beaucoup de griefues maladies.

Et quoy que tu puisses douter que cecy n'est pas la simple teinture de l'or, mais du nitre & du tartre meslez, sois asseuré que la quantité du nitre ne doit pas exceder; & supposé que ce soit la teinture du tartre & du nitre, ie te prie, quel danger y a t'il, veu que c'est vne si bonne medecine d'elle mesme? Ie suis persuadé, que cette teinture d'or est meilleure que celles qui sont escrites dans la seconde Partie. On se peut seruir de ce ruby pour l'vsage par luy-mesme dans de propres vehicules, voyant que c'est vne souueraine medecine d'elle mesme; ou bien exposee à l'air, & dissoute en vne liqueur: car la medecine n'est pas moindre que sa teinture, d'autant que l'or luy mesme & la plus pure partie de l'antimoine sont faits potables sans aucun corrosif. Grand est le pouuoir des sels pour destruire les metaux, les changer & perfectionner dans la fusion. Car il m'est arriué qu'vne fois en faisant ce ruby, & plaçant aussi deux autres creusets auec des metaux, proche de celuy-cy qui contenoit l'or auec le regule preparé de l'antimoine (car deux ou trois creusets, ou plus, se plaçent fort aysément dans ce fourneau, estant gouuernez auec vn feu, ce qui ne peut estre fait par vn fourneau commun) & voulant mettre vn certain sel dans le creuset, qui estoit proche de celuy où estoit l'or, que par mesgarde ie le iettay dans le creuset de l'or seul, de sorte qu'il se fist vne telle ebullition, qu'il y eut danger que tout ne fust perdu : c'est pourquoy ie fus contraint de le tirer promptement hors du fourneau, auec les pincettes, supposant que le ruby estoit perdu par la faute que i'auois faite d'y ietter ce sel ; & partant ie voulois seulement garder l'or. Et ie trouuay cette masse estant versee rouge comme sang, plus pure qu'vn ruby, mais point d'or, seulement des grains blancs comme du plomb separez d'vn costé & d'autre par cy, par là dans les sels, n'estant separables pour leur petitesse, que par la solution des sels, lesquels separez par la solution de l'eau, auec vne teinture rouge comme sang, resterent au fond du verre, puis apres cela estant assemblez, ie les mis dans vn creuset neuf dans le fourneau, mais ayant volonté d'essayer la fusion, ie trouuay le creuset vuide, & l'or s'en estant enuolé, excepté vn peu qui s'estoit attaché au haut du creuset & du couuercle, ce que ie ramassay, & le fondis pour l'essayer dans vn nouueau creuset couuert, mais incontinent qu'il sentit la chaleur, il prit la fuite sans laisser aucune marque, de mesme que l'arsenic ; & par ce moyen ie fus priué de mon or.

A la fin ie pris cette solution rouge, & tiray l'eau hors des sels, & ie trouuay vn sel rouge comme sang, lequel ie mis dans vn creuset neuf dans le fourneau pour essayer si i'en pourrois extraire quelque corps metallique: mais ie trouuay la masse du sel priuee de toute teinture & rougeur, ce qui me sembla estrange iusqu'à ce iourd'huy, que par le moyen de ce sel, toute la substance de l'or, la teinture auec tout le reste, s'en soient fuis, ayant vne si grande volatilité.

Ie voulus en suite reïterer ce trauail, mais il il ne m'arriua pas de mesme qu'à la premiere fois. Il y auoit à la verité quelque alteration à l'or, mais sa volatilité n'estoit pas si grande, la cause de cela, selon mon sentiment, a esté de ce que i'ignorois le poids desdits sels, que ie iettay dedans la premiere fois contre ma volonté.

Il y a deux raisons particulieres qui m'obligent à escrire cette Histoire, premierement afin qu'il apparoisse comme quoy on se peut aisément tromper en vne petite chose, qui vous fait perdre tout le procedé. Secondement, afin que la verité des Philosophes soit conceuë, qui escriuent que l'or par le moyen de l'art peut estre reduit en vn plus bas degré, qui sera esgal au plomb (ce qui m'est arriué en ce trauail) & qu'il est plus difficile de destruire l'or, & le rendre semblable à vn metal imparfait, que de transmuer vn metal imparfait en or: C'est pourquoy ie suis ioyeux en mon cœur d'auoir veu vne telle experience, desquelles choses nos Philosophes fantasques ne veulent rien entendre, escriuant de grands volumes contre la verité, soustenant & affirmant, que l'or est incorruptible, ce qui est vne grande menterie; car ie puis monstrer le contraire (s'il en estoit besoin) par beaucoup de voyes, ie m'estonne à la verité de ce qui meut telles personnes à mespriser les choses qu'ils ne connoissent pas. Ie n'ay pas de coustume de iuger des choses qui me sont inconnuës.

Pourquoy osent-ils desnier la transmutation des metaux, ne connoissant pas comme il se faut seruir des pincettes & des charbons? Certes, ie confesse que ces ignorans charlatans ne rendent pas peu mesprisable la verité de la Chymie, en surprenant les hommes par leurs fraudes; ils sont ordinairement gueux, sinon que par auenture ils trouuent quelque homme riche & credule qui leur donne le viure & le vestement sur l'esperance de faire du gain. Comme aussi nous en voyons quelques-vns de ces imposteurs, lesquels estant assistez de ces auares, vont habillez en couleur de perroquets; mais la noble Chymie ne doit pas pour cela estre mesprisée. Quelques auares persuadez par la folie donnent leur argent sur l'espoir d'vn gain incertain, & apres les choses ne reüssissant pas, sont contraints de viure en pauureté: ce qui ne doit pas estre plaint ny regretté. Quelques-vns cherchent du bien, non par auarice, mais plustost pour auoir dequoy viure. connoistre les secrets de la Nature: ceux-là sont excusables, s'ils sont trompez par des fourbes. Mais ils ne doiuent pas estre loüez s'ils dépensent au delà de leur pouuoir.

Vne autre teinture & medecine d'or.

DIssous de l'or en eau royale, puis le precipite auec la liqueur de sel de pierres à feu; l'or estant tout precipité, verses y vne autre portion de la liqueur susdite: mets l'or precipité ensemble auec la liqueur des pierres à feu sur le sable, pour cuire l'espace de quelques heures, & cette liqueur de pierres à feu tirera la teinture de l'or, & aura vne couleur de pourpre: verses-y de l'eau de pluye, & la fais cuire ensemble auec la susdite liqueur pourpree, & les pierres à feu seront precipitees, laissant la teinture de la couleur plus excellente auec le sel de tartre: de laquelle il faut oster l'eau iusqu'à la seicheresse, & il demeurera au fond du verre vn tres-beau sel de couleur de pourpre, duquel est tiree par le moyen de l'esprit de vin vne teinture rouge comme sang, laquelle ne cede gueres en force à l'or potable. Or dans ce sel pourpré sont cachees beaucoup de choses dont il y auroit à faire vn plus long discours, si l'occasion estoit propre: c'est pourquoy il suffit d'auoir monstré la voye destructiue de l'or: car ce sel doré peut en moins d'vne heure estre parfait auec peu de trauail, & changé en vn miracle de nature, confondant les calomniateurs du tres-noble art de la Chymie. C'est vn don de Dieu auquel nous deuons rendre graces immortelles.

Des Miroirs.

I'Ay fait mention dans le traité de l'or potable, non seulement de la chaleur materielle du feu, mais aussi de changer les rayons du Soleil en vne substance materielle & corporelle, par le moyen d'vn certain instrument qui les assemble. I'ay aussi fait mention de la preparation du miroir concaue : i'en veux donner la description, n'estant connuë de tout le monde, la meilleure que ie connoisse est celle qui suit. Premierement, il faut faire des moules particulierement de poil & d'argille, dequoy est parlé en la cinquiesme Partie, propres pour le verre en forme & figure circulaire ronde, autrement ils ne sçauroient assembler les rayons du Soleil ensemble, & derechef les reuerberer : dont la faute ne doit estre attribuee à autre chose qu'au moule, car la fonte & polissement n'est pas vn art excellent, tel que celuy des fondeurs de cloches ; mais de fondre de la meilleure matiere, & de bien polir, c'est là où consiste l'art. Et premierement pour couper les moules bien ronds, par vn instrument de fer cela ne sçauroit estre briefuement demonstré : c'est pourquoy ie renuoye le Lecteur aux Autheurs qui sont prolixes en ces choses comme Archimede & Iean Baptiste Porta, & autres, & manquant de ces Autheurs, ou ne les entendant pas, tasche d'auoir vn globe exactement tourné pour faire les moules, comme s'ensuit ; premierement fais vn meslange de farine & de cendres tamisees, que tu espandras esgalement

ment entre deux planches, comme on fait pour faire la paste faite de farine & de beurre pour les pastez & tartes, respondant à l'espaisseur du miroir que l'on veut fondre, puis mets le compas comme il te plaira, & coupe la mesure auec vn cousteau, & la mets sur vn globe, & iette dessus de la chaux viue à trauers vn tamis, & mets de l'argille bien preparee auec du poil de l'espaisseur de deux doigts: & quoy que ce soit vne grande piece, il te faut mettre des fils de fer au trauers, pour soustenir le moule, autrement il se faussera ou rompra. Apres qu'vn costé sera seiché au Soleil ou au feu, tire tout cela hors du rond, & le mets en quelque lieu caue, où il soit bien appuyé de tous costez, & aussi iette de la chaux viue, ou cendres de charbons sur l'autre costé, & mets sur celuy cy l'autre partie du moule, & le mets derechef à seicher par degrez au Soleil ou au feu, autrement il se fendroit. Apres oste les extremitez qui font ces parties du moule, de ce qui est intrinseque, ou au milieu, & les oppose entr'elles par le dedans pour le moins de la distance d'vn empan, & mets entre deux sur le haut vn peu de charbons ardens pour endurcir le moule par tout, auquel tu mettras d'autres charbõs dessus, puis d'autres, & ainsi par degrez, iusques en haut, afin qu'ils soient bien allumez du costé le plus poly. Que si les moules estoient fort grands, & fort espais, vn feu ne suffira pas, & il sera necessaire d'adiouster dauantage de charbons, iusqu'à ce qu'ils soient bien allumez au dedans: Apres laisse allumer le feu par degrez, afin que le moule commence à refroidir, non entierement, mais de sorte que tu le puisses toucher : & incontinent frotte le auec vn pinceau d'vne cendre tres-subtilement criblée & meslée auec de l'eau, pour boucher les fentes qui ont esté causées par la brulure du poil, & pour polir les moules. Enfin assemble & aiuste les deux parties (apres y auoir fait vn trou pour verser dedans) prenant garde qu'elles soient bien nettes, & les attache proprement auec des fils de fer ou de cuiure, & lute bien sa iointure auec de l'argille preparee auec du poil, mets-y vn entonnoir de terre, & le moule sur du sable sec iusques au haut. Or pendant que tu brusles & prepares ton moule, il faut fondre le meslange metallique, afin qu'il soit ietté dans le moule, estant encore tout chaud; lors que le metal sera bien fondu, iette par dessus vn linge ciré, lequel estant allumé, verse le metal fondu dans le moule encore tout chaud, prenant bien garde que ny charbon, ny autre chose ne tombe dans le creuset, & qu'il ne gaste le miroir en se meslant dans le moule auec le metal; puis laisse refroidir le miroir de soy-mesme dans le moule, si la matiere ne se diminuë pas dans le refroidissement : que si elle se diminuoit, il faut soudain oster du moule le miroir fondu, & le couurir d'vn vaisseau chaud de terre ou de fer, afin qu'il froidisse sous iceluy, car autrement s'il se froidissoit estant enfermé dans le moule, il se briseroit en parcelles. Vn peu apres tu sçauras quels sont ces metaux qui se froidissent sans se briser.

Et c'est icy la façon commune, & la meilleure, de fondre, si tu y és expert. Il y en a aussi d'autres, premierement quand les moules sont faits de bois ou de plomb, s'accordans au miroir pour estre imprimez sur le sable, ou sur la plus fine poudre de tuiles, ou autre terre, comme est la coustume des fondeurs de cuiure, & cette voye sert seulement pour de petits miroirs.

La troisiesme façon & la meilleure de toutes, mais la plus difficile à ceux qui ne sont pas experts, est comme s'ensuit. Fay vn moule de cire pour estre placé auec vn cylindre entre deux planches, comme il a esté dit cy dessus en la premiere façon, lequel mettras sur vn globe pour luy donner la forme, & le laisse durcir au froid : alors oste-le, & iette dessus auec vn pinceau le meslange suiuant, lequel tu dois seicher à l'ombre, alors applique l'argille preparée auec le poil de l'espaisseur d'vn ou deux doigts : puis oste derechef la cire du moule de terre ; fay dans le moule auec vn cousteau vn trou rond qui aille iusques à la cire, ce fait mets auprez vn feu de charbon, le moule, le trou en bas, & la cire fonduë passera par le trou, dans lequel estant chaud, mais non brulé, verse le metal, &c. Il faut que ce liniment dont la cire est frottée, soit bien preparé, de peur que la cire se fondant, il ne tombe & s'escoule auec la cire, & que la cire ne perce le moule de terre, & le gaste. Voicy la façon du liniment. Brule de l'argille bien lauée dans vn fourneau de terre, iusqu'à parfaite rougeur: apres broye-la, & separe la partie la plus fine en la lauant auec eau, de sorte que tu prennes la terre la plus fine, laquelle seicheras & brusleras derechef à feu violent, apres broye la terre auec eau de pluye, & sel armoniac sublimé sur la pierre comme les peintres ont accoustumé de faire leurs couleurs, porte le à vne iuste consistance de peinture, & le meslange est fait. Le sel armoniac preserue cette fine poudre, autrement elle se fondroit, & s'en iroit auec la cire: mais la terre preparée fait vne fusion plus belle & plus delicate.

Le meslange metallique pour la matiere des miroirs.

IL y a diuerses façons de ces meslanges, desquels il y en a tousiours vne meilleure que l'autre. Plus le meslange est dur, & meilleur aussi est le miroir; & plus dur est le metal, tant plus aysément est-il poly. Or la dureté du meslange ne suffit pas, mais la blancheur est encore requise: car le rouge qui prouient de trop de cuiure, le noir de trop de fer, l'obscur de trop d'estain, ne font pas vne veritable representation des choses, mais changent les especes & les couleurs. Par exemple, trop de cuiure rend les especes trop rouges, & ainsi du reste. Fay donc que le meslange metallique soit tres-blanc: mais si tu ne veux faire que des miroirs ardens, il n'importe pas de quelle couleur ils soient, pourueu que le meslange soit dur, i'en veux descrire vn des meilleurs. ℞. Du cuiure en lames deliées & coupées en pieces vne partie, arsenic blanc vn quart, oings premierement les lames auec la liqueur de sel de tartre, & mets lict sur lict auec les lames & arsenic en poudre, en iettant dessus tant que le creuset soit plein, sur lequel verseras de l'huile de tin autant qu'il suffise pour couurir le cuiure & l'arsenic : ce fait mets le couuercle auec du meilleur lut, & place le creuset (le lut estant sec) au sable, de telle façon que seulement la partie superieure du couuercle sorte hors : puis donne feu par degrez, au commencement petit, secondement vn peu plus fort, iusqu'à ce ce qu'à la fin il soit chaud, & que toute l'huile se puisse euaporer ; & dans ce mesme temps l'huile preparera le cuiure, & retiendra l'arsenic & le fera entrer dans les lames comme l'huile qui perce le cuir. Ou bien mets le creuset sur vne grille, & luy donne feu par degrez, iusqu'à ce que l'huile soit euaporée en boüillant. En dernier lieu, lors que tout sera refroidy, rompt le creuset, & tu trouueras le cuiure de diuerses couleurs, principalement si tu prends de l'orpiment au lieu d'arsenic, augmentant deux ou trois fois en grosseur & frangibilité.

℞. De ce cuiure vne partie, & du lotton deux parties, fonds-les à vn feu violent, premierement le lotton, puis y mets le cuiure friable, verse hors le meslange fondu, & tu auras vn metal resistant à la lime, non si friable, mais semblable à l'acier, duquel on peut faire diuerses choses qui seruent au lieu d'instrumens de fer & d'acier, prends de ce metal durci 3. parties, du meilleur estain qui soit sans plomb, vne partie, fonds la, & la verse, & la matiere des miroirs sera faite. Ce meslange est vn metal blanc & dur, pour faire les meilleurs miroirs. Que si ce trauail te semble ennuyeux, prends trois parties de cuiure, vne partie d'estain, & demie partie d'arsenic blanc, pour la matiere des miroirs, lesquels seront beaux, mais cassans aussi bien dans la fonte, comme en les polissant; c'est pourquoy prends-y bien garde. Il faut que i'escriue icy vne chose digne d'estre obseruée, & qui est connuë de peu : l'opinion de beaucoup est fausse, particulierement de ceux qui s'attribuënt la connoissance des proprietez des metaux. Dans la seconde Partie, où il est traité des esprits subtils, il a esté fait mention des pores des metaux : car l'experience tesmoigne, que ces esprits subtils, comme la corne de cerf, tartre, suye, & quelquefois ces esprits soulphreux des sels & des metaux s'euaporent au trauers des vaisseaux d'estain ; Ce qu'vn chacun ne peut pas conceuoir à la premiere fois, à cause dequoy i'ay fait ce discours.

Fay deux balles de cuiure, & deux de pur estain, qui soit sans aucun meslange de plomb, de la mesme forme & quantité, obseruant exactement le poids desdites balles, ce fait fonds derechef lesdites balles en vne, premierement le cuiure, lequel estant fondu, mets-y l'estain, autrement beaucoup d'estain s'euaporeroit dans la fonte ; verse incontinent le meslange fondu dans le moule des premieres balles, & tu n'en trouueras pas quatre , mais difficilement trois, qui auront le mesme poids des quatre ; si les metaux ne sont pas poreux, ie te prie d'où procede donc cette grande alteration de quantité ? C'est pourquoy connois que les metaux sont poreux plus ou moins. L'or a les pores plus deliez, l'argent en a plus, mercure plus que celuy-là, le plomb plus que le mercure, le cuiure plus que le plomb, & le fer plus que le cuiure, mais l'estain plus que tous.

Si nous pouuions destruire les metaux, & derechef les reduire du pouuoir en acte, certainement ils ne seroient pas si poreux, & comme vn enfant qui n'a point de correction n'est propre à rien de bon, mais estant corrigé, il est doüé de toute vertu & science, de mesme nous faut-il entendre des metaux, lesquels estant laissez en leur estat naturel, particulierement estant tirez hors de la terre sans correction ny amendement restent volatils, mais estant corrompus & regenerez, ils sont rendus plus nobles, de mesme que nos corps estant destruits & corrompus, à la fin ressusciteront & se clarifieront auant qu'ils viennent deuant Dieu. Paracelse dit bien, que si dans vne heure les metaux estoient destruits cent fois, neantmoins ils ne seroient pas sans vn corps, reprenant vne nouuelle espece, & à la verité meilleure. Car il est dit bien à propos, que la corruption de l'vn est la generation de l'autre. Car la mortification d'vn corps soulphreux superflu, est la regeneration de l'ame mercuriale, & si on ne destruit les metaux, ils ne peuuent estre perfectionnez : c'est pourquoy ils doiuent estre destruits & rendus informes, afin qu'apres le soulphre terrestre, superflu & combustible soit separé, & la pure espece mercuriale puisse pulluler. Dequoy nous parlerons plus amplement en traitant des amauses.

Pour polir les Miroirs.

VN miroir qouy qu'il soit exactement fondu & proportionné, neanmoins il ne vaut rien s'il n'est bien poly & bruny, car en le polissant, il peut estre aysément endommagé & gasté : c'est pourquoy il est necessaire de luy oster premierement le plus grossier par la rouë comme les estamiers & les chaudronniers ont de coustume de faire auec vne pierre sablonneuse, apres luy appliquer vne queux auec de l'eau, iusques à ce qu'ils soient suffisamment polis par l'attrition. Ce fait, il faut derechef oster le miroir hors de la rouë, & le mettre à la rouë de bois couuert de cuir, frottant dessus auec de l'emery preparé pour polir, iusqu'à ce que les fentes qui se sont faites en tournant n'apparoissent plus, ayant pris vne ligne oblique ; apres cela vne autre rouë couuerte de cuir, laquelle doit estre frottée de la pierre sanguine preparee, & lauee auec des cendres d'estain, & il faut semblablement par la susdite voye & selon la mesme ligne, frotter les miroirs si long temps, qu'ils acquierent vne suffisante finesse & esclat. Tu dois garder le miroir de l'air humide & de l'haleine, & s'ils en sont infectez les frotter, non auec aucun drap de laine, ny linge, mais auec vne peau de chevre ou de cerf, & non en autre endroit que dans la ligne oblique, par où les miroirs sont polis. Ils peuuent aussi estre polis auec du plomb artificiellement fondu auec de l'emery & de l'eau, premierement en broyant: secondement auec vn emery tres-pur, & auec du plomb; en dernier lieu, auec la pierre sanguine, & cendres d'estain; semblablement aussi auec d'autres pierres, en mettant vne autre plus nette à chaque fois, à la fin il reçoit son éclat par les cendres d'estain.

Comme aussi le dehors du miroir conuexe peut estre poly, lequel represente les especes petites, & iette des rayons dispersez: mais le dedans concaue assemble, multiplie & represente les especes.

Cecy suffise pour la fonte, & pour le polissement requis des miroirs propres à voir les rayons Solaires, & quoy que du susdit meslange on en puisse faire d'autres especes de miroirs representant d'estranges choses, diuerses & merueilleuses, comme les cylindriques, pyramidaux, &c. ie les passe sous silence, comme n'estant pas de ce lieu, ie pourrois toutefois monstrer vne façon de les faire, n'ayant peu despensé & trauaillé en cherchant leur preparation & vsages. Mais de tous les miroirs, celuy-là est le plus en vsage, la preparation duquel nous auons monstree, dont le diametre est pour le moins de deux ou trois empans, si tu veux faire quelque chose de rare, & quoy qu'il n'ait qu'vn ou deux empans, neantmoins il amasse abondance de rayons, de sorte que tu en peux fondre l'estain & le plomb, s'il est bien formé: toutefois les plus larges sont les meilleurs, & ils ne doiuent pas estre trop profonds, afin qu'ils puissent mieux ietter leurs rayons, & les enuoyer plus loin, laisse leur auoir la vingtiesme ou trentiesme partie de la sphere, la section estant exactement obseruee, ce qui est le fondement de l'art.

Des verres metalliques.

POurce qui est des verres metalliques, lesquels conduisent fort à la perfection des metaux, & qui ont esté estimez par les anciens Philosophes, ie ne les veux pas obmettre en ce lieu, à cause qu'ils sont aysément faits par ce fourneau.

Et à la verité les anciens ont trouué ces verres par hazard, en reduisant les corps calcinez en verre à feu tres-violent: car beaucoup de secrets qu'on ne cherchoit pas, ont par ce moyen esté trouuez. Il arriue souuentefois dans nos trauaux que passant au delà nous trouuons quelque chose de meilleur, ou de plus mauuais que la chose que nous cherchions, & ie croy que cela est arriué en ces verres. Mais quoy qu'il en soit, ie suis asseuré que ces verres ont esté en grande estime, car Isaac Hollandois dit pleinement, que les metaux vitrifiez, & remis en metaux par la reduction, donnent de meilleurs & plus nobles metaux qu'à la premiere vitrification, qu'à la verité l'or donne vne teinture; l'argent l'or; & le cuiure l'argent, & comme cela en suiuant les verres des autres metaux donnent de meilleurs metaux en la reduction. Ce que l'experience nous fait voir, & quoy que ie n'aye pas fait beaucoup d'essais en ce trauail, neanmoins ie connois que les metaux qui sont reduits en cendres, & changez en verre transparant, ne peuuent estre derechef reduits en metaux sans vn grand profit, toutefois vn metal est plus aisé que l'autre. Or nos verres ne sont pas les amauses des Orfeures, qu'ils font pour le seul ornement, par l'addition du verre fait d'vn sable fusible; mais les nostres sont faits des sucs des metaux. Ie ne desnie pas la vertu du verre de Venise, mondifiant les metaux, particulierement du cuiure & de l'estain, laquelle n'est pas comparable aux sucs metalliques. Ie confesse ingenuëment que i'ay experimenté vingt fois ces choses, & ie n'ay iamais esté trompé: mais ie ne sçay pas s'il arriueroit le mesme en grande quantité, d'autant que ie ne l'ay iamais experimenté, craignant que mes vaisseaux ne fussent pas capables de tenir vn temps requis le verre en fonte; car i'ay beaucoup trauaillé pour trouuer de tels vaisseaux, mais le tout en vain. Car il y a esperance d'vn grand profit, si tu as de forts creusets. Cette perfection n'est pas sans raison, car lors que le metal est brulé en cendres, beaucoup de soulphre superflu combustible est brusle (comme tu peux voir au plomb, estain & cuiure, à sçauoir de leurs bluettes apparoissant en leur calcination pendant qu'on les remuë & separe) lequel estant derechef reduit & calciné (sa meilleure partie) par le benefice de la fonte, & le plus pesant tombe, & le plus mauuais nage par dessus, & est changé en scorie ou verre, & la separation du metal est faite par le moyen de la fonte seule, ce qui est incroyable aux ignorans & non experts : mais considere comme quoy l'argent doré est separé par la fonte, il est de mesme que s'il estoit corrompu par le soulphre commun, & les especes metalliques estant tournées en scories noires, auparauant que dans la fonte il delaisse l'or: par laquelle voye l'argent est separé du cuiure, & celuy-cy du fer. Obserue aussi que le noir & crud antimoine, qui est reduit en cendres par la calcination, & fondu, est separé à feu violent, la partie pure descendant en bas blanche comme argent, mais la partie impure montant se change en verre ou en scorie : laquelle separation ne se feroit iamais faite sans incineration, quoy que l'antimoine restast long-temps en fonte.

Tu vois donc le pouuoir du feu tout seul en la fonte des metaux, c'est pourquoy croy que ton trauail ne sera pas en vain, si tu entends comme quoy il faut aider le feu : c'est pourquoy exerce-toy en cela, car tu es suffisamment instruit, & ce fourneau t'assistera, sans lequel il est impossible de se mesler de telles choses, comme l'experience certifie en confirmant mes paroles.

Ayant fait mention des verres metalliques, lesquels dépendent de la perfection des metaux, ie suis forcé de dire aussi quelque chose des autres amauses, ou verres colorez, lesquels sont appellez gemmes, & passent pour ornemens. Quoy que ce trauail ne soit pas profitable, neanmoins il est agreable à voir. Cette connoissance a esté longtemps cherchée, aussi bien par le noble, que par le roturier, non pour le profit, mais pour la recreation, errants du vray chemin (quoy que descrit prolixement en beaucoup de langues) & ignorans l'art de rendre le crystal ou les cailloux fusibles, & de les colorer, se contentans du verre du plomb fait d'vne partie de crystal ou cailloux, & de trois ou quatre parties de minium ou ceruse, qui sont verres de nulle valeur, estant non seulement doux, & nullement propres à polir, mais aussi plus pesans qu'il n'est necessaire, à cause du plomb, ayant vne couleur iaune ou verte; car tout verre de crystal, de cailloux, de minium ou de ceruse par eux-mesmes, sans addition d'autres couleurs, acquiert vne couleur iaune du plomb, empeschant & alterant les autres couleurs meslées: c'est pourquoy vne bonne pierre n'est pas faite par cette voye du plomb & de cailloux, mais ces verres Saturniens, y ioignant verre de Venise, cendres de Iupiter, & des couleurs auec, peuuent estre diuersement mis en vsage par les Orfevres, principalement pour colorer l'or, autrement de nulle valeur.

C'est pourquoy ie veux donner vne autre preparation, particulierement des cailloux ou crystaux, sans minium ny ceruse, auec des couleurs metalliques, naturelles en couleur & beauté des plus excellentes pierres; mais non pas plus dures que le verre : car quoy que le crystal soit plus dur que le verre, neantmoins il est priué de sa dureté en quelque façon, & est fait semblable au verre, & toutefois il reserue assez de dureté, ponr escrire sur vn autre verre. Ces verres sont aysément polis, estant en toutes choses semblables, excepte la dureté, aux pierres naturelles, auec lesquels on peut non seulement faire diuerses sortes de pierres & autres d'or, d'argent, ouurages de bois, ou peintures embellies ; mais aussi diuers meubles, comme salieres, manieres de coupes, &c. images & antiquitez peuuent estre (par la fusion) auec l'or, l'argent & pierres grauées, semblables à celles qui sont grauées ou taillées sur les gemmes par la main d'vn ingenieux & diligent maistre.

Ils sont faits de cette façon : Premierement, tu auras des pierres à feu, & crystaux qui ne soient point colorez, mais fort blancs, pris du sable & des ruisseaux, lesquels tu rougiras dans vn creuset couuert, puis les esteindras tous rouges en eau froide, afin qu'ils se rompent & puissent mettre en poudre, autrement ils sont si durs, que lors qu'on les met en poudre, ils prennent vne partie du mortier, & ainsi ils se falissent. C'est pourquoy il faut prendre la peine de les bien preparer. Apres ℞. Des cailloux preparez, & de tres-pur sel de tartre esgales parties, mesle-les ensemble, & les garde pour ton vsage.

Mais si tu veux reduire cette masse en pierre precieuse, il faut premierement mesler quelque couleur agreable, puis dans vn creuset net & couuert, remplir iusqu'à moitié, & le laisser dans vn tres grand feu, tant que tout le sel de tartre s'euapore, & que la pierre auec la couleur ait passé à vne certaine substance fusible, ressemblant à du verre, il faut aussi en suite mettre dedans vn fil de fer bien net, & tirer vn peu de cette masse fonduë, pour en faire l'essay, & pour sçauoir si elle a assez demeuré dans le feu; s'il y paroist des pustules, & petits sablons, ou bien si estant exactement fonduë elle est descenduë au fond. Cela estant fait, il faut oster le creuset, & le mettre sous vn vaisseau de fer ou de terre tout rouge de feu, afin qu'il se refroidisse auec la pierre fonduë: car autrement la masse se briseroit dans le creuset, en tres petites parcelles, & par consequent ne seroit pas propre à en faire de grands ouurages. Il ne faut pas aussi verser la masse estant fonduë, de peur de l'attraction de l'air, & qu'il n'y vienne des pustules. Or celuy qui de cette masse voudra former des medailles, & des images, par le moyen de la fonte, & non de la taille, n'a pas besoin de laisser refroidir la masse dans le creuset: mais estant toute chaude, la verſer dans vn mortier de cuiure, & par ce moyen il ne s'attachera rien au creuſet, & il ne ſe perdra rien de la maſſe. Tu la pourras reduire en poudre, ou briſer en petites parcelles. Eſtant refroidie dans le creuſet, il le faut rompre pour l'en oſter, & en faire des pierres grandes & petites en les taillant. Quant à ce qui eſt de fondre des medailles ou images, il faut mettre la medaille ou image que l'on veut imiter dans vn anneau de fer en la partie femelle, qui ſoit plus large que la medaille d'vn trauers doigt, ſur vne pierre, ou bois vny, & ietter vn peu de tripoly, ou ſable fin ſur l'image, autant qu'il en faut pour couurir le moule, & par deſſus en mettre d'autre humectée, comme des cendres de coupelle, & l'imprimer fortement ſur le moule, auec precaution toutefois que le moule ne ſe remuë. Ce fait, tourne l'anneau, & leue vn peu le moule, auec vn couſteau, puis l'oſte auec les mains ou pincettes, l'image reſtant dans le ſable pour la faire ſeicher au Soleil ou au feu. Celuy qui voudra fondre apres l'image, qu'il mette l'anneau auec l'image imprimée ſous la tuile, & qu'il luy donne vn feu violent, afin que l'anneau auec le ſable & l'image imprimée ſur le ſable ſoient entierement rougis au feu. Apres qu'il oſte l'anneau & qu'il voye, ſi l'image n'a point eſté gaſtée; que ſi elle ne la point eſté, il faut mettre par deſſus autant du ſuſdit verre mis en poudre groſſiere, qu'il en faut dans la fonte pour remplir l'image imprimée ſur le ſable: apres cela il faut derechef mettre l'anneau

ſous

sous la tuile, & luy donner feu de fonte, iusqu'à tant que le verre se fonde dans l'anneau, auquel il faut mettre vn fer plat qui ait vn manche poli, rougy au feu, ayant osté premierement l'anneau auec la pincette, imprimer fortement le verre sur le moule; puis le mettre sous vn vaisseau de terre, ou de fer rougy au feu, pour le laisser refroidir. Estant froid, oste l'image du moule, laquelle luy sera tout à fait correspondante, si tu y as bien procedé, de mesme qu'il se voit dans la graueure, ou cachet imprimé sur vne pierre, c'est vn art tres-propre à representer les antiquitez & les raretez.

S'ensuit la coloration de la susdite masse par le moyen de laquelle elle est renduë semblable aux pierres precieuses.

IL faut que les couleurs soient prises des metaux & des mineraux, sçauoir est du cuiure, du fer, de l'or, de l'argent, du bismuth, de la magnesie, des grenats. Pour les couleurs des autres, ie n'en sçay rien de certain. Le cuiure commun donne vne couleur verte de mer; le cuiure de fer, vne couleur verte d'herbe; les grenats vne couleur d'émeraude: le fer vne couleur iaune, ou de iacinte: l'or vne tres belle couleur bleuë tres-bonne: le bismuth vne couleur bleuë commune: la magnesie vne couleur d'ametiste. Ces metaux & mineraux estant meslez ensemble donnent d'autres couleurs. Par exemple, l'or & l'argent meslez donnent vne couleur d'ametiste, le fer & le cuiure vne couleur verdastre ou pasle: le bismuth & la magnesie vne couleur pourprine: argent & magnesie des couleurs diuerses semblables à vne opale.

On fait aussi des images de diuerses couleurs, si la masse de diuerses couleurs est rompuë en petites parcelles, puis meslée & mise sur le moule. Que si tu desires vne masse verte, rouge, opaque, &c. adioustes y vn peu de chaux d'estain obscur, sur lequel les couleurs sont comme sur vne base. Pour exemple. Si tu veux faire vne turquoise, ou vne pierre, mesle à la couleur bleuë faite de la marcassite d'argent, ou saphir (pour colorer la masse) de la chaux d'estain, afin qu'ils fondent ensemble, & auant que l'impression soit faite, mets sur le moule vn peu d'or preparé, sur celuy cy la susdite poudre de verre: & la fusion & impression estant faite, il s'en formera vne pierre ayant de petites veines d'or comme la pierre, mais il faut qu'il y ait de la chaux d'or, qui ne perd pas son esclat par le feu; telle qu'elle est faite par le mercure, ou celle qui est meilleure estant precipitée de l'eau royale, dont il a esté parlé cy-deuant.

De la preparation des couleurs pour colorer la masse des pierres à feu, ou crystaux.

LEs lames de cuiure doiuent estre souuent rougies au feu, & esteintes en eau froide, dont il sera traité plus amplement en la cinquiesme Partie. On en mesle depuis trois, quatre, cinq, ou six grains à ℥. j. de la masse, pour vne couleur verd de mer. Le fer est reduit en crocus par le reuerbere, duquel on mesle depuis quatre iusqu'à dix grains, à ℥. j. de la masse pour vne couleur iaune ou de iacinthe. L'argent est dissout en eau forte, & precipité auec la liqueur des cailloux, apres qu'il est edulcoré & seiché, depuis vn iusqu'à six grains meslé à ℥. j. de la masse, fait des couleurs diuerses.

L'or est dissout en eau royale precipité auec la liqueur des cailloux, edulcoré & seiché, duquel depuis 4. 5. 6. 7. grains iusqu'à ℈. ß. meslé à ℥. j. de la masse, fait vn tres beau saphir. Et si depuis trois iusqu'à six grains de ce ruby soluble fait d'or, & de regule de Mars, on en mesle à ℥. j. de la masse, ils font vn tres-beau rubis. La magnesie estant pulueriſée, dont depuis six iusqu'a quatorze grains meslé à ℥. j. de la masse, se fait vne ametiste.

La marcassite dissoute en eau royale se precipite auec la liqueur de cailloux, est edulcorée & seichée, dont depuis vn iusqu'à cinq grains meslé à ℥. j. de la masse, se fait vn saphir, mais il n'est pas si beau que celuy qui est fait auec l'or.

Que si tu ne veux pas calciner la marcassite, prends de la zafore, & depuis cinq iusqu'à dix grains meslé à ℥. j. de la masse.

Les grenats de Boheme, ou Orientaux sont mis en poudre. & depuis six grains iusqu'à ℈. j. meslez auec ℥. j. de la masse, pour faire de petites pierres semblables à de naturelles émeraudes : les autres choses qui concernent le meslange de ces couleurs, doiuent estre apprises par l'experience.

Et pour ce qui est de l'vsage à quoy les cailloux & crystaux teints peuuent seruir, il n'est pas à propos d'en parler icy, si ce n'est pour remedier aux yeux qui se sont affoiblis par les veilles, par la chaleur du feu, & par la fumée, fourny toy d'vn moule de cire exactement rond, de la grandeur d'vne assiette, ou d'vn plat, auquel tu appliqueras de la meilleure argille meslée auec le poil : oingts le moule auec de l'huile, & applique exactement de la meilleure terre de creuset bien preparée, & qui resiste au feu, de l'espaisseur d'vn doigt, lequel estant sec, perce le en quelque endroit, afin que lors que la cire se fondra par le feu elle coule ; apres brule le moule dans vn fourneau de terre, estant brulé remplis le de verre preparé, & le place dans vn fourneau à vent, tant que le verre fonde, lequel à la fin estant refroidi, oste le moule, & tu auras vn crystal semblable au moule, lequel tu formeras apres, & poliras cõme on fait des lunettes dans vn plat de fer de tous les deux costez, & l'ayant polie tu y mettras vn fil de fer, & tu auras vn rõd optique à peu de frais, autrement à peine s'en fait il de crystal d'vne telle grandeur. Et si tu veux tu luy peux donner vne couleur verte, agreable à la veuë & luy attacher vn pied pour ta commodité. Ce verre ne sert pas seulement pour la multiplication de la clarté en temps de nuit, afin que tu voyes les choses de loing dans vne chambre, mais aussi pour fixer & calciner les mineraux par les rayons du Soleil, & fondre les metaux, & multiplier les images de mesme qu'vn miroir concaue, & il n'y a point d'autre difference qu'en la seule reflexion.

Cet instrument de verre est aussi fait d'vne autre façon, auec moins de peine & de frais, si auec vn diamant on coupe deux grands ronds d'vn miroir poly, & si estant ramolis dans vn fourneau approprié sur vne pierre exactement ronde, iusqu'à ce qu'ils s'attachent comme de la cire bien serré contre la pierre; ce fait la isseles refroidir derechef, apres estant tirez hors ils representeront la forme du miroir concaue, & du costé de la partie conuexe, on leur peut accommoder vne feüille.

Or ces verres sont le mesme que le miroir concaue metallique, excepté la reflexion, qui n'est pas si forte.

Et quoy que les verres soient plustost rompus, neanmoins ils sont fort propres pour faire l'instrument suiuant.

Et ils sont fortement attachez ensemble auec vn fort fil de fer, appliqué en croix dans la partie concaue, & vn trou est coupé sur le bord auec vn diamant d'vn costé de la grandeur d'vn pois, auquel est mis vne vix d'estain puis les iointures sont exactement fermees par tout auec du meilleur lut, de fait il y faut attacher vne bande d'argent ou de cuiure, serrant ces verres estroitement, de sorte que l'instrument soit propre au pied. Tout cela estant bien fait, ces gros fils sont separez ou coupez, auec lesquels ces verres estoient liez au commencement, principalement proche la bande de cuiure, apres cela on verse de pure eau de vie par vn entonnoir, autant qu'il en est requis pour le remplir, l'instrument estant plein, le trou est bouché, & cela doit estre mis à part pour l'vsage. Or cet instrument fait le mesme effect que le miroir concaue, principalement s'il a en son diametre vn pied de largeur, & peut estre appliqué à des peintures de perspectiue, car il les represente & multiplie parfaitement.

Au derriere duquel si tu mets vne chandelle de nuit, il donne tant de clarté dans vne chambre, qu'il te semblera qu'elle vient du Soleil. Il fait aussi beaucoup d'autres choses, lesquelles i'obmets icy comme estant superflues. Et tu peux la nuict assembler la clarté dispersée dans l'air auec ce verre, de telle sorte que tu pourras lire l'escriture la plus menuë. Telles & autres semblables choses peuuent estre faites par ce fourneau, lesquelles grossiroient trop ce Liure, si on les vouloit escrire. Le reste de l'examination & purification des metaux par la fonte, sera dit en autre lieu.

Lecteur, prends cecy que ie te donne en bonne part. Vne autrefois tu auras quelque chose de meilleur; ne blasme pas mes escrits, comme si ie n'approuuois pas les examinations des metaux par la fusion & separation des anciens, ne voulant seulement que communiquer mon opinion, & donner mon assistance pour aller plus auant; car ie sçay bien que les examinateurs des metaux donnent trop de credit à leurs petites espreuues, lors qu'ils ne trouuent rien, condamnent les mines comme steriles, lesquelles abondent en or & en argent : quoy que M. Iean Mathese dise expressement en sa Sarepte, que souuent les mines examinées en petite quantité ne donnent point d'or ny d'argent, & en grande quantité en donnent beaucoup. C'est pourquoy on ne doit pas tousiours adiouster foy à telles preuues, qui trompent souuent, comme l'experience le certifie.

Cela n'arriue pas seulement en ces mineraux qui sont tirez hors des cauernes de la terre, mais aussi en ces argilleux & sablonneux mineraux, abondans en flammes d'or & d'argent, desquels ny par les petites, ny par les ablutions, ny par le mercure, on ne peut tirer auec profit l'or dispersé en flamme, ce qui peut estre fait par de certaines eaux, sans aucun feu auec facilité; car ie sçay que telles mines sont trouuées proche beaucoup de riuieres en Allemagne, & en beaucoup d'autres endroits de l'Europe, desquelles on peut tirer vn honneste profit, à peu de trauail, & à peu de frais. Ce ne sont pas des songes, ce que i'ay dit par parabole de la perfection des metaux: car on peut auec l'art assister la nature pour les perfectionner. C'est pourquoy il n'est besoin d'autre chose que de connoissance, & la nature des metaux estant connuë auec leurs proprietez, ils sont aysément separez, purgez, & perfectionnez.

Quant à ce que i'ay escrit de la Medecine vniuerselle, ie l'ay fait pour les susdites causes, non comme professeur de l'art. Les autres choses des verres colorez de rouge, & des miroirs, ie les ay adioustées, à cause qu'ils sont aysément preparez par ce fourneau, comme estant quelquefois necessaires en quelques trauaux. Le reste concernant le maniment des metaux n'est pas obmis icy sans cause. On en parlera peut estre en quelqu'autre lieu, c'est pourquoy nous finissons.

Fin de la quatriesme Partie.

www.ingramcontent.com/pod-product-compliance
Ingram Content Group UK Ltd.
Pitfield, Milton Keynes, MK11 3LW, UK
UKHW020401230726
13925UKWH00003B/1205

9 782013 557788